# 油棕分子育种

YOUZONG FENZI YUZHONG

石 鹏 曹红星 金龙飞 主编

中国农业出版社

北 京

**本书得到以下项目资助:**

国家自然科学基金项目"油棕低温响应 microRNA 的克隆与功能分析"(31301358)

中国热带农业科学院中央级公益性科研院所基本科研业务费"热带木本油料产业技术创新团队"(17-CXTD-13)

海南省科技合作专项资金"油棕重要农艺性状的早期分子鉴定"(KJHZ2015-06)

海南省重点研发计划项目"椰枣组织培养体系优化及油棕组培苗变异早期检测"(ZDYF2016214)

物种品种资源保护项目"热带棕榈植物种质资源收集、编目、更新与利用"(2016NWB052)

# 编 写 人 员

主　编：石　鹏　曹红星　金龙飞
副主编：刘艳菊　冯美利　肖　勇
编　委（按姓氏笔画排列）：
王　永（中国热带农业科学院椰子研究所）
石　鹏（中国热带农业科学院椰子研究所）
冯美利（中国热带农业科学院椰子研究所）
刘艳菊（中国热带农业科学院椰子研究所）
肖　勇（中国热带农业科学院椰子研究所）
张大鹏（中国热带农业科学院椰子研究所）
金龙飞（中国热带农业科学院椰子研究所）
周丽霞（中国热带农业科学院椰子研究所）
赵志浩（中国热带农业科学院椰子研究所）
秦海棠（中国热带农业科学院椰子研究所）
曹红星（中国热带农业科学院椰子研究所）
雷新涛（中国热带农业科学院椰子研究所）

# 前　言

　　非洲油棕（*Elaeis guineensis* Jacq.）属棕榈科油棕属多年生单子叶乔木，是世界上生产效率最高的油料作物（以下简称油棕）。油棕年平均产油量高达 4.2 t/hm²，是大豆的 9～10 倍、花生的 7～8 倍、油菜的 4～5 倍。油棕的主要产品是棕榈油和棕榈仁油，除了可作为食用油外，在食品、化工和生物能源等领域也有广泛的应用。棕榈油在全球植物油生产领域占据重要位置，目前主产国是印度尼西亚、马来西亚和泰国。2018 年世界棕榈油产量达到 7 200 万 t，约占全世界食用植物油产量的 35.6%，位居世界食用植物油产量第一位。油棕年产油量理论上可达到 10 t/hm²，遗传改良是逐步接近理论产量的重要途径。组织培养和分子标记辅助选择等育种技术的研究，有助于加快高产品种的培育，但是目前组培苗中存在的开花异常等变异问题推迟了其商业化应用。分子标记辅助选择由于标记的有效性不足和选择育种周期长等原因也未能得到很好的应用。

　　近年来，新一代测序技术（NGS）和高通量组学（基因组、转录组、蛋白质组、代谢组）技术在油棕商业品种选育中也得到了应用。其不仅在组培苗开花异常突变体等的识别上具有巨大应用潜力，同时低成本的高通量标记开发技术也为大规模开发油棕分子标记奠定了基础。目前主要的挑战是表型组学，即获得准确高通量的表型数据。高通量的基因型和表型获取技术，将有助于重要性状的分子机理快速准确解析和高效率分子标记辅助育种。

目前，我国食用植物油自给率仅为 32.2%，对进口依赖度高。我国每年进口约 600 万 t 棕榈油，是世界上主要的棕榈油消费国。为减少对进口的依赖度，我国从 20 世纪 20 年代就开始引种油棕，进行规模种植后，因为品种的适应性较差和栽培管理不到位等原因而未能成功。目前，我国正在培育具有自主知识产权的油棕新品种，育种还处于初期阶段。因此，培育适合我国栽培的优良品种是油棕产业发展的重中之重，但油棕常规杂交育种周期长，利用组织培养技术和分子标记辅助选择可以缩短育种进程。此外，我国油棕分子育种基础薄弱，应该进一步加强油棕分子育种研究，缩短育种周期，为尽快培育适宜我国种植的油棕新品种提供支撑。为了给我国油棕分子育种提供理论和技术参考，我们组织人员收集油棕分子育种理论、技术方法、研究进展和发展趋势等方面的文献资料，结合我国油棕分子育种实践，编写了本书。

本书分七章来阐述油棕分子育种的基本原理与方法、研究现状、重要性状分子育种、组织培养等内容。第一章由石鹏、肖勇编写，第二章由石鹏、曹红星编写，第三章由石鹏、雷新涛编写，第四章由刘艳菊、曹红星、周丽霞、冯美利编写，第五章由金龙飞、石鹏编写，第六章由王永、刘艳菊、曹红星、赵志浩、张大鹏编写，第七章由金龙飞、曹红星、秦海棠编写。全书由石鹏统稿。

本书在编写过程中参考并引用了部分国内外公开发表的文献资料，部分图片由作者自己拍摄，部分图片来自相关参考文献。为了全书统一，编者对有关参考文献和资料中的术语进行了规范化处理，对部分语句进行了审慎调整。在此，向有关文献资料的作者表示衷心感谢！

尽管编者投入了大量精力和时间进行编写和修改，受编者自身水平的限制，书中难免存在一些错漏和不足，敬请广大读者对本书的错误和缺陷进行批评指正，以期本书内容不断地得到充实与完善，从而为油棕分子育种的研究提供较为全面、科学的参考依据。

编　者

2019 年 6 月

# 目 录
油棕分子育种

前言

# 第一章　植物分子育种的基本原理与方法

## 第一节　植物分子育种的基本原理

### 一、传统育种与分子育种

植物育种是利用或创造遗传变异，通过人工选择固定有利变异，培育新品种的技术。一般育种首先改良适应性、成熟期、提高产量，然后改善品质，最后改良抗性。植物育种将大量的野生植物驯化为栽培植物，同时提高其产量和品质，改善其抗性和适应性。植物育种学从早期简单的选择，到孟德尔发现遗传学规律，直到今天，已经开始进入分子育种的新阶段。分子育种的发展主要得益于近年来高通量测序和分子标记检测技术、高通量表型鉴定技术以及转基因和基因组选择等新的育种理论和分子生物学技术的发展。

传统植物育种的品种选择在育种群体中进行。育种群体主要分为四类：自交系群体、自由授粉群体、杂交群体和无性系群体。利用自交系群体可以选育纯系品种。纯系品种个体基因型纯合、性状稳定，其选育方法主要采用系谱法、混合法、单粒传法、双单倍体法和回交育种法。利用自由授粉群体可以选育群体品种。群体品种个体基因型高度杂合，其选育方法主要采用穗行法、全同胞选择法、自交家系选择法和综合品种育种法。利用杂种群体可以选育杂种品种。杂种品种个体高度杂合，其选育方法主要采用相互轮回选择法。利用无性系群体可以选育无性系品种。无性系品种个体杂合一致，其选育方法主要采用芽变选择法、实生苗选择法和无融合品种选择法。

在传统植物育种中，遗传变异主要通过目测选择进行鉴定，鉴定周期长、成本高。随着分子生物学的发展，遗传变异可以从分子水平上，通过基于 DNA 的变化及其对表型影响进行鉴定。达尔文和孟德尔建立了 20 世纪植物育种和遗传学的基本理论，生物技术、基因组学和分子标记应用奠定了分子育种的基础。日前分子育种在水稻、番茄、鸡嘴豆、大麦等作物中应用较为成熟。

## 二、生物学基础

高等植物的繁殖方式一般分为有性繁殖和无性繁殖，前者主要是经历了减数分裂和性细胞的融合，遗传物质来源于父母本；后者主要通过有丝分裂增殖形成新的个体，遗传物质完全来源于母本。有性繁殖是通过雌雄配子结合，受精后形成种子来繁衍后代的繁殖方式。减数分裂发生在性细胞中，经过同源染色体配对、联会、交叉重组等一系列过程，产生不同基因型的配子。雄蕊花药中的小孢子母细胞经过减数分裂产生花粉，雌蕊子房中的大孢子母细胞经过减数分裂产生卵细胞和极核。受精前，花粉通过风媒和虫媒等传播，散落在雌蕊柱头上，在柱头上萌发形成花粉管进入子房，最后与卵细胞和极核结合分别发育成胚和胚乳。无性繁殖是不经过受精过程的繁殖方式，分为营养体繁殖和无融合生殖。营养体繁殖主要是基于植物细胞全能性理论，利用植物营养器官的再生能力，主要分为扦插、嫁接、芽接、压条和组织培养等方式。无融合生殖指植物未经精卵核融合过程直接形成种子的现象，主要包括减数配子体无融合生殖、未减数配子体无融合生殖和不定胚发生三种类型。无融合生殖现象在很多草本和柑橘等部分木本植物中都有报道，然而在油棕中很少发生。

有性繁殖可以充分利用杂交优势培育出表型超越亲本的品种。生产上常用的杂交育种就是根据有性繁殖这一特点，目前已经在水稻、玉米、油菜、棉花、大豆和小麦等草本作物中培育出大量优良的杂交品种。无性繁殖可以快速繁育优良株系，相对耗时较短，目前主要应用在苹果、芒果和柑橘等多年生木本作物育种中。

## 三、遗传学基础

高等植物的性状分为质量性状和数量性状。质量性状在表型上可以明确分为几类，在遗传上受一个或者少数几个主效基因控制，每个基因都对表型具有较大的效应，并且对环境影响不太敏感。数量性状在表型上无明显的分组界限，在遗传上是受多基因控制，其中每个基因对表型的效应较小，并且受环境影响较大。质量性状和数量性状的遗传主要遵循遗传分离、自由组合和连锁定律。在分离群体中（如 $F_2$ 代），质量性状的分布表现为多峰分布，而数量性状分布则表现为正态或钟形分布。数量性状表型易受环境影响，其基因型值主要分为加性效应、显性效应和上位性效应。为了评价育种亲本在 $F_1$ 代中某种性状的好坏，通常采用一般配合力和特殊配合力来衡量。遗传学上常用的配合力测定方法有双列杂交法和不完全双列杂交法等。控制质量和数量性状的基因在染色体上排列，而同一染色体上的不同基因在减数分裂时不是随机分配的，这种倾向于一起分离的现象叫基因连锁。基因连锁分为完全连锁和不完全连锁，完全和不完全连锁分离可以造成配子类型不同，取决于基因之间的距离。连锁的遗传学基础是染色体片段的交换和重组，而基因之间的距离决定了交换频率的大小。遗传连锁作图就是基于连锁的原理，用于确定不同标记或者基因在染色体上的排列顺序和位置，为定位控制性状的数量性状位点（Quantitative Trait Locus，QTL）奠定基础。而 QTL 定位是找到控制性状的基因的重要途径，全基因组关联分析（Genome - wide Association Study，GWAS）是基于连锁不平衡（Linkage Disequilibrium，LD）确定候选基因的手段，与 QTL 定位一样都是根据基本的遗传学原理制定的基因定位策略。

## 四、分子生物学基础

性状是可以观察和度量的植株外在表现，而基因是一段特定的 DNA 序列。根据中心法则，从 DNA 序列到性状表型要经历基因的转录、翻译和功能表达等过程（Miller 等，1970）。其中，DNA、RNA 和蛋白质是这个过程中最重要的分子，DNA 和 RNA 是生物体内的高分子化合物，以核苷酸为基本结构单位，以 3'，5'-磷酸二酯键连接，并通过折叠和卷曲形成具有特定生物学功能的线性或环形多聚核苷酸。DNA 和 RNA 主要具有储存和传递遗传信息的作用，有些还具有催化剂和调控基因表达的功能。

核苷酸由碱基、戊糖和磷酸三部分组成，其中碱基分为腺嘌呤（A）、鸟嘌呤（G）、胞嘧啶（C）、胸腺嘧啶（T）和尿嘧啶（U）。DNA 中有 A、G、C、T 四种碱基，RNA 中有 A、G、C、U 四种碱基。戊糖是一种五碳糖，DNA 中戊糖是 D-2-脱氧核糖，RNA 中戊糖是 D-核糖。核苷酸由核苷和磷酸残基构成，是核酸分子的结构单元。蛋白质是生物性状的主要承担者，由 RNA 到蛋白质的合成过程极其复杂，核心就在作为蛋白质合成平台的核糖体上。在蛋白质的合成过程中，mRNA 作为信使携带遗传信息，核糖体和 rRNA 作为蛋白质的合成工厂合成蛋白质，tRNA 在合成过程中充当桥梁作用参与氨基酸的活化与转运等。生物的遗传信息主要保存在 DNA 的 A、G、C、T 四种碱基不同排列顺序之中。基因是具有特定功能的 DNA 区段。基因的功能主要取决于 DNA 的一级结构，即碱基排列顺序，所以往往通过 DNA 测序来获取基因的功能信息。DNA 序列碱基的差异往往造成表型的变化，从种质资源上看，是种质资源的变异。DNA 要行使生物学功能还要转录成 RNA，由 RNA 在核糖体上合成蛋白质，蛋白质可以直接或间接参与生命活动，与环境共同作用影响生物表型。所以从基因到表型，还受到转录调控、翻译修饰和环境互作等方面的共同影响，在研究表型的分子基础时，要同时分析其他基因对目的基因的调控，以及环境影响带来的激素等其他代谢物对基因表达的反馈作用。

# 第二节　植物分子育种的基本技术

## 一、遗传标记技术

遗传标记是等位基因决定的生物学特性，并可以作为实验探针或标签记录一个生物个体、组织、细胞、细胞核、染色体或一个基因。遗传标记包括形态标记、细胞学标记和蛋白质标记和分子标记。其中形态标记代表在表型上可见的差异，比如种皮颜色、种壳的有无和植株的高矮等，利用形态标记可以构建遗传连锁图谱，但是形态标记数量有限，难以构建高密度的连锁图谱。细胞学标记主要指染色体形态、数目和结构的差异，已经广泛用于鉴定特定染色体的连锁群和物理作图，然而标记数量和分辨率的限制，导致其在遗传作图和分子标记辅助选择方面的应用受限。蛋白质标记主要是同工酶标记，其在植物中的数量有限，不能构建完整的遗传图谱。

分子标记主要有限制性片段长度多态性标记（Restriction Fragment Length Polymorphism，RFLP）、随机扩增多态性DNA标记（Random Amplified Polymorphic DNA，RAPD）、扩增片段长度多态性标记（Amplified Fragment Length Polymorphism，AFLP）、简单重复序列标记（Simple Sequence Repeat，SSR）、酶切扩增多态性序列标记（Cleaved Amplified Polymorphism Sequences，CAPS）、多样性序列芯片技术（Diversity Arrays Technology，DArT）和单核苷酸多态性标记（Single Nucleotide Polymorphisms，SNP）等（表1-1）。RFLP片段是用限制性内切核酸酶切割纯化后的DNA片段，不同材料之间酶切产物经过Southern杂交后可以形成不同条带，从而表现出RFLP片段的多样性。RFLP标记在遗传作图中具有重要作用，然而该技术对样本DNA质量要求高，很难自动化，而且需要放射性方法的使用，进而限制了RFLP的广泛使用。RAPD的原理是用一个10核苷酸的随机引物扩增样品基因组DNA，扩增产物电泳分离后观察条带。RAPD标记快捷、简单并且高效，但是低重复性限制了RAPD标记的使用。AFLP 标记是使用限制性内切核酸酶和随机引物扩增基因组 DNA 来鉴定多态性，AFLP 标记需要的 DNA 样品量较少，重复性高，但是标记开发复杂且效率不高。SSR 是以 1~6 个核苷酸为基元的重复序列，广泛分布于植物基因组，且等位基因变异水平较高。SSR 位点由 SSR 两侧特异的序列设计的引物用 PCR 扩增而来，SSR 标记具有可重复性、共显性和全基因组随机分布的优点，但是引物的设计和筛选需要耗费大量劳动力。SNP 是两个 DNA 序列之间的单个核苷酸的差异，分为颠换（C/T 或 G/A）和转换（C/G、A/T、C/A 或 T/G），SNP 可能出现在基因的编码区、非编码区，或两个基因之间的区域。在不同的染色体区域，SNP 的频率不同。高通量检测技术推动了 SNP 标记开发和检测的速度，目前有 Illumina 公司的 BeadArray 和 MiSeq 平台，Affymetrix 公司的 GeneChip 平台，Luminex 的 100 Flow Cytometry 平台，Sequenom 公司的 iPlex Mas Spec 平台，ABI 公司的 SNPlex、TaqMan 和 SnaPshot 平台、Microarray Minisequencing 平台，以及 Perkin - Elmer 公司的 FP - TDI 平台等（表 1 - 2）。近年来，第三代测序技术已经应用在 SNP 的检测上。

表 1 - 1 主要分子标记特点比较

| 分子标记 | RFLP | RAPD | AFLP | SSR | CAPS | SNP | DArT |
|---|---|---|---|---|---|---|---|
| 多态性 | 中等 | 中等 | 中等 | 高 | 低 | 高 | 高 |
| 位点特异性 | 是 | 否 | 否 | 是 | 是 | 是 | 是 |
| 显性/共显性 | 共显性 | 显性 | 显性 | 共显性 | 共显性 | 共显性 | 共显性 |
| 可重复性 | 高 | 低 | 高 | 高 | 高 | 高 | 高 |
| 序列信息需求 | 否 | 否 | 否 | 是 | 是 | 是 | 否 |
| DNA 质量 | 高 | 低 | 中 | 低 | 低 | 低 | 低 |
| 自动化 | 否 | 是 | 是 | 是 | 是 | 是 | 是 |
| 成本 | 高 | 低 | 中 | 低 | 中 | 低 | 低 |
| 技术要求 | 高 | 低 | 中 | 低 | 高 | 中 | 中 |

**表 1 - 2　主要第二代和第三代测序平台性能比较**

| 平　台 | Roche（454）GS - GLX | Illumina Genome Analyzer | ABI SOLID | PacBio SMRT | Oxford Nanopore |
|---|---|---|---|---|---|
| 技术 | 第二代 | 第二代 | 第二代 | 第三代 | 第三代 |
| DNA 量（$\mu g$） | 3～5 | 0.1～1 | 0.1～20 | 极少 | 极少 |
| 扩增或测序方式 | 微乳滴 PCR | 桥式 PCR | 微乳滴 PCR | 单分子即时测序 | 纳米孔单分子测序 |
| 读长（bp） | 500 | 32～40 | 35 | 1 000～4 500 | $1 \times 10^5$ b |
| 通量（Gb/run） | 0.1 | 1.3 | 4 | — | — |
| 成本 | 每组样品 8 500 美元 | 每组样品 3 000 美元 | 每组样品 3 400 美元 | 每一百万碱基 2 美元 | — |
| 时间 | 7.5 h | 3 d | 7 d | 0.5～1 h | — |
| 双端测序/Span | 是/3 kbp | 是/200～400 bp | 是/3～20 kbp | — | — |

## 二、基因克隆技术

基因克隆常用技术方法包括图位克隆法、转座子或 T - DNA 标签法、同源序列法、表达序列标签（EST）法和差异表达基因分离法等。其中结合分子标记的图位克隆法在分子育种上应用较为广泛。图位克隆是利用遗传连锁图谱将目的基因定位在基因组中，然后不断缩小目标区域，最终获得目标基因序列。操作步骤包括目的基因的初步定位、精细定位、构建目的基因区域的物理图谱和精细物理图谱，直至鉴定出包含目的基因的一个较小的基因组片段，筛选 cDNA 文库并通过遗传转化实验证实所获目的基因的功能。目的基因的初步定位是利用分子标记技术在分离群体中把目的基因定位于染色体的某个区域内；在初步定位基础上，利用高密度连锁图谱对目的基因区域进行高密度分子标记，连锁分析进行精细定位；

在精细定位基础上，确定目的基因区域的近似物理距离和遗传距离的比值，构建目的基因区域的物理图谱。物理图谱（YAC、BAC和PAC等）的建立可以有效地确定分子标记间的真实物理距离。精细物理图谱（Cosmid和λ载体）为构建目的区域的饱和分子标记连锁图和减少筛选鉴定候选基因的工作量打下基础。当距离目的基因最近的分子标记与目的基因间具有非克隆区段或重复序列时，采用染色体跳跃策略来逼近目的基因。筛选和鉴定候选基因克隆是图位克隆的最后一环，然而从cDNA文库中筛选目的基因绝非易事。随着图位克隆技术的发展，把染色体步查技术和染色体登陆技术有机结合，同时利用DNA芯片技术，将有效推动图位克隆技术在植物基因克隆中的应用。

## 三、转基因技术

传统植物育种方法是作物改良的主要途径，应用杂交育种、基因渐渗育种、诱导基因突变与体细胞杂交等方法随机改良植物基因组，从而培育新品种。然而传统植物育种周期长、成本高，且具有一定的盲目性。采用基因工程的手段定向分子育种能够解决这些问题。基因工程通常将启动子和基因融合在特定的表达框中，通过细菌转染DNA介导至植物中。DNA介导法去除了已知过敏或毒素编码基因，并能识别插入位点，而且能快速鉴别和消除断裂基因或无义转化。遗传转化是将外源DNA介导进入植物器官和细胞中，引起可遗传的变异。外源DNA首先穿过感受态的细胞壁和细胞膜进入植物细胞，而后到达细胞核并整合到受体染色体上。目前植物遗传转化主要有两种方法——基于农杆菌介导法和基因枪法。

农杆菌存在于土壤中，具有将自身的一个DNA片段浸染到植物细胞的能力。农杆菌细胞中的DNA包含细菌染色体，以及成为Ti质粒的结构，Ti质粒含有一段T-DNA的DNA序列，在侵染过程中可以转到植物细胞中。将农杆菌包装成转化载体时，致癌基因已经从T-DNA中切除，并将此位置置换为任何来源的基因表达框，这些基因通常被很方便地插入已整合到质粒中的多克隆序列中。外源基因和标记基因被插入载体上两个特殊序列之间，这两个特殊序列被称为左右边界序列。只有 T-DNA 能够成功侵染植物细胞，整合到植物细胞的基因组中。应用农杆菌介导法进行遗传转化在大豆、番茄、香蕉和水稻等作物中都已获得成功。农杆菌介导的遗传转化具有能够介导大片段 DNA、片段 DNA 转化重排概率低、插入基因拷贝数较低、转化效率较高且成本较低等优点。

基因枪法利用包被 DNA 的重金属颗粒高速轰击细胞或组织。基因枪法在单子叶植物遗传转化中有特别用途，因为它没有物种限制或宿主限制，可以靶向不同类型的细胞类型，是细胞器官转化最便捷的方法。但是基因枪法易形成大量的拷贝和高度复杂的插入位点，容易造成基因重组，从而使转化基因不稳定和基因沉默。

有几种不常用的遗传转化方法已被证明在特定植物转化中有效，如聚乙二醇促进的原生质体融合法、显微注射法、超声处理法和电击法。其原理是引起细胞壁和细胞膜瞬间微创，在损坏的细胞结构修复与融合之前，培养基中的外源 DNA 进入细胞质。

目前的转基因方法需要组织培养技术，过程复杂，时间长且耗费人力。并且，许多作物比如棉花很难通过组织培养技术繁殖，油棕等棕榈科作物组织培养技术难度更大，耗时更长。利用纳米磁珠携带 DNA 侵染花粉粒，直接授粉产生转基因种子的方法已经在棉花中取得成功。这种新方法不需要依赖组织培养技术，导入的 DNA 在子代中稳定表达，不受基因型影响，并且耗时短。该技术对于油棕等缺乏转基因技术的作物来说，可能是一条有效的转基因技术途径。

# 第三节　植物分子育种的分析方法

## 一、连锁作图

为了有效利用分子标记提供的遗传信息，通常构建遗传连锁图谱来确定分子标记在图谱上的位置和顺序。用分子标记构建连锁图谱的原理是基于连锁理论。在减数分裂过程中，亲本性细胞经过两次减数分裂形成 4 个配子，形成配子过程中同源染色体会发生部分染色单体交换，导致遗传信息新的重组。重组配子的概率取决于减数分裂期间的交换率。相互连锁的遗传标记之间交换率用遗传距离的单位厘摩（cM）来表示，如果两个标记在后代中的分离是 100 个中有 1 个，那么这两个标记的遗传距离就是 1 cM。

要构建连锁图谱，先要构建作图群体。在构建作图群体前，要考虑亲本的选择、群体类型和群体大小。亲本一般选择两者之间多态性高，相互之间容易杂交或自交。群体类型包括回交群体、回交自交系、双单倍体群体、近等基因系、重组自交系、测交群体和杂交 $F_2$ 群体等，主要根据作物繁殖特点、目标性状和标记类型等因素来确定群体类型。作图群体的大小往往决定着遗传图谱的精度，作图群体越大，图谱精度越高。群体大小也与作图群体类型有关，$F_2$ 群体需要的单株比回交群体和双单倍体群体多。

为增加遗传图谱的密度和精度，通常将分子标记、形态标记、蛋白质标记和细胞学标记构建的图谱整合，不同作图群体来源的遗传图谱进行整合，以及遗传图谱与物理图谱进行整合。遗传连锁图谱之间的整合以及与物理图谱的整合有利于构建更高密度的图谱，为下一步 QTL 定位提供更多的标记位点。

## 二、QTL 定位分析

QTL 定位用于分析基因型与表型之间的关联，首先根据某个标记位点基因型，将作图群体分为不同的基因型类群，然后确定各类群之间在目标性状上是否存在显著差异。如果这些类群之间目标性状表型平均值之间存在显著差异，则说明该标记位点与控制该目标性状的 QTL 连锁。检测 QTL 的方法有单标记分析、简单区间作图和复合区间作图。单标记分析法用于检测 QTL 的单个标记连锁，使用的统计方法有 $t$ 测验、方差分析和线性回归分析。单标记分析法不需要一张完整的连锁图，用一般统计软件就能完成分析，Qgene 和 MapManager QTX 是常用的单标记分析软件。其主要缺点是较难检出 QTL，并且 QTL 的效应容易被低估。简单区间作图

（SIM）是利用连锁图，对染色体上相邻的成对连锁标记之间的区间同时进行分析，克服了标记和 QTL 之间的重组问题，一般使用 MapMaker/QTL 和 Qgene 软件进行分析。复合区间作图（CIM）是将区间作图与线性回归分析结合，在统计模型里除了利用相邻的成对连锁标记外，还包括更多的遗传标记。与单标记分析、SIM 相比，CIM 的主要优点是 QTL 定位更加精确有效，一般使用 QTL Cartographer、MapManager QTX 和 PLABQTL 软件进行分析。SIM 和 CIM 统计检验结果一般使用 LOD 值表示，LOD 值用来鉴定 QTL 在连锁图上最可能的位置。LOD 值必须超过显著性阈值才能认定为 QTL 真实存在，显著性阈值使用排布测验测定。根据 $R^2$ 值判断 QTL 对表型变异的贡献大小，QTL 分为主效 QTL（$R^2 > 10\%$）和微效 QTL（$R^2 < 10\%$）。

## 三、关联分析

关联分析也称为连锁不平衡作图、关联作图，是基于连锁不平衡（Linkage Disequilibrium，LD）将标记或候选基因遗传变异与目标性状表型联系起来的分析方法（Pritchard 等，2000）。连锁不平衡是群体内不同基因位点基因间的非随机性关联，包括染色体内和染色体之间的连锁不平衡。连锁不平衡考虑的是不同基因位点基因之间的相关性，只要一个基因位点上的特定等位变异与另一个基因位点上的某个等位变异同时出现的频率大于群体中随机组合概率时，就认为这两个等位变异处于连锁不平衡状态。连锁不平衡程度用 $r^2$ 表示，$r^2$ 越大表示两个基因位点间的连锁不平衡性越强。性状遗传结构、遗传漂变、选择、瓶颈效应和群体结构等因素会影响连锁不平衡，重组会增加连锁基因位点间遗传多样性，降低基因位点间连锁不平衡，有利于关联分析的精确作图。选择和瓶颈效应会增加连锁不平衡，遗传漂变和群体融合能使群体产生群体结构，出现伪关联。一般来说，异花授粉植物的连锁不平衡水平要低于自花授粉植物。

关联分析包括全基因组关联分析和候选基因关联分析，全基因组关联分析是利用所有标记对群体进行全基因组扫描，结合标记基因型与表型数据进行关联分析。这种方法需要大量分子标记才能保证扫描到绝大部分的重要基因，目前应用较多的是候选基因关联分析。关联分析的程序包括群体选择、群体结构评估、表型数据获取、候选基因或相关标记基因型数据获取以及统计关联分析。为检测到最多的等位基因，群体应该包括该物种全部的遗传变异。群体结构通过选取独立遗传标记检测并消除，理想的标记包括 SSR、SNP 和 AFLP。不存在群体结构时，质量性状的全基因组关联分析采用卡方测验来评价关联性，数量性状采用 $t$ 测验或 ANOVA 方法来评价关联性；存在群体结构时，用 SAS 或 TASSEL 软件进行逻辑回归率测验。

与 QTL 定位相比，关联分析有三个优势：（1）不需要构建作图群体，直接利用自然群体，省时省力；（2）基因定位更精确，自然群体中积累的等位基因变异更丰富，定位分辨率更高；（3）可以同时考察一个基因位点的多个等位基因，而 QTL 定位利用的群体中等位基因只有 2 个。但是关联分析在遗传多样性偏低的群体中作图效果不如连锁作图，目前出现了将两种方式结合使用的情况，比如巢式关联作图群体，进一步提高了检出微效和低频率等位基因的能力。

## 四、分子标记辅助选择

选择是育种中最重要环节之一。传统育种方法是通过表型间接地对基因型进行选择，这种选择方法存在周期长、效率低等许多缺点。最有效的选择方法是直接根据个体基因型进行选择，分子标记的出现为这种直接选择提供了可能。借助分子标记对目标性状基因型进行选择的方法称为分子标记辅助选择（Marker Assisted Selection，MAS）。MAS 优势主要体现在以下方面：能同时无损选择多个性状；能同时选择控制同一性状的不同基因型和同一基因的不同等位基因，提早选择，不受环境影响，能进行重组选择，减少分离群体种植规模。影响分子标记辅助选择的因素非常复杂，主要包括性状的遗传结构（如上位性、遗传背景、基因型与环境互作效应）；
群体大小，表型鉴定准确性，高通量的标记分析方法，分子标记数
目和标记与基因之间的连锁方式、强度，海量标记数据及时分析和
利用的能力。分子标记辅助选择的方法主要有标记辅助回交，群体
筛选，基因聚合，标记辅助轮回选择，全基因组选择。目前 MAS
的进展主要集中在优良基因的聚合和渗入，在水稻、小麦、玉米、
大豆、油菜和棉花上应用较多。MAS 在林木育种中也有一些应用，
主要集中在巨桉、杨树、苹果、桃树、火炬松和榆树等物种的经济
性状。目前林木上定位的 QTL 还较少，标记还不多，真正能用于
林木育种实践还需要时间。但是随着低成本的高通量标记开发技术
的发展，未来林木分子标记辅助选择将会迎来大发展。

## 五、基因组选择

基因组选择（Genome Selection，GS）由 Meuwissen 在 2001
年首次提出，主要是通过全基因组中大量的分子标记和参照群体的
表型数据建立 BLUP 模型，估计出每一个标记的育种值，然后利
用这些标记估计出后代个体育种值并进行选择。基因组选择理论主
要利用连锁不平衡信息，假设标记与相邻的 QTL 处于连锁不平衡
状态，要求标记密度足够高，使得所有 QTL 与标记处于连锁不平
衡状态。基因组选择的具体流程是：对建模用的群体进行表型鉴定
和基因型分析，利用所有标记位点构建基因组选择表型预测模型，
分析育种材料的基因型，对已经进行基因型分析的育种材料用已构
建的预测模型估测育种材料的基因型，根据育种值进行选择。目
前，随着拟南芥、水稻、玉米等植物基因组序列图谱及 SNP 图谱
的完成，提供了大量的 SNP 标记用于基因组研究。随着 SNP 芯片
等大规模高通量 SNP 检测技术的发展和成本的降低，全基因组选
择应用成为可能。相比标记辅助选择，基因组选择可以对所有遗传
变异和效应进行准确检测和估计，基因组选择一般使用二态性
SNP 标记，结果重复性好。全基因组选择可以加快作物育种进程，
降低育种成本。目前基因组选择主要集中在动物育种领域，对植物

育种有很多可以借鉴的地方。

<h2 style="text-align:center">参 考 文 献</h2>

景润春，黄青阳，朱英国，2000. 图位克隆技术在分离植物基因中的应用[J]. 遗传，22（3）：180-185.

张得芳，马秋月，尹佟明，等，2013. 第三代测序技术及其应用[J]. 中国生物工程杂志，33（5）：125-131.

Bai G，Ge Y，Hussain W，et al，2016. A multi - sensor system for high throughput field phenotyping in soybean and wheat breeding [J]. Computers &. Electronics in Agriculture，128：181-192.

Bevan M，1984. Binary Agrobacterium vectors for plant transformation [J]. Nucleic Acids Research，12（22）：8711-8721.

Botstein D，White R L，Skolnick M，et al，1980. Construction of a genetic linkage map in man using restriction fragment length polymorphisms [J]. American Journal of Human Genetics，32（3）：314.

Bradbury P J，Zhang Z，Kroon D E，et al，2007. TASSEL：software for association mapping of complex traits in diverse samples [J]. Bioinformatics，23（19）：2633-2635.

Burke D T，Carle G F，Olson M V，1987. Cloning of large segments of exogeneous DNA into yeast by means of artificial chromosome vectors [J]. Science，236（4803）：806-812.

Bykova I V，Shmakov N A，Afonnikov D A，et al，2017. Achievements and prospects of applying high - throughput sequencing techniques to potato genetics and breeding [J]. 21（1）：96-103.

Carpenter A T C，1975. Electron microscopy of meiosis in *Drosophila melanogaster* females. II：The recombination nodule - a recombination - associated structure at pachytene? [J]. Chromosoma，51（2）：157-182.

Chen H，Xie W，He H，et al，2014. A High - density SNP genotyping array for rice biology and molecular breeding [J]. Molecular plant，7（3）：541.

Collard B C，Vera Cruz C M，Mcnally K L，et al，2008. Rice molecular breeding laboratories in the genomics era：current status and future considerations [J]. International Journal of Plant Genomics，1687-5370；524847.

Collins J, Hohn B, 1978. Cosmids: a type of plasmid gene‐cloning vector that is packageable in vitro in bacteriophage lambda heads [J]. Proceedings of the National Academy of Sciences of the United States of America, 75 (9): 4242.

De la Vega F M, Lazaruk K D, Rhodes M D, et al, 2005. Assessment of two flexible and compatible SNP genotyping platforms: TaqMan SNP Genotyping Assays and the SNPlex Genotyping System [J]. Mutation Research/fundamental & Molecular Mechanisms of Mutagenesis, 573 (1‐2): 111‐135.

Desta Z A, Ortiz R, 2014. Genomic selection: genome‐wide prediction in plant improvement [J]. Trends in Plant Science, 19 (9): 592.

Doerge R W, Churchill G A, 1996. Permutation tests for multiple loci affecting a quantitative character [J]. Genetics, 142 (1): 285‐294.

Edwards D, Zander M, Daltonmorgan J, et al, 2014. New technologies for ultrahigh‐throughput genotyping in plant taxonomy [J]. Methods Mol Biol, 1115 (1): 151‐175.

Flachowsky H, Hanke M V, Peil A, et al, 2009. A review on transgenic approaches to accelerate breeding of woody plants [J]. Plant Breeding, 128 (3): 217‐226.

Flavell A J, Bolshakov V N, Booth A, et al, 2003. A microarray‐based high throughput molecular marker genotyping method: the tagged microarray marker (TAM) approach [J]. Nucleic Acids Research, 31 (19): e115.

Foolad M R, 2007. Genome mapping and molecular breeding of tomato [J]. Int J Plant Genomics, 64358.

Gabriel S, Ziaugra L, Tabbaa D, 2009. SNP genotyping using the Sequenom Mass ARRAY iPLEX platform [J]. Current Protocols in Human Genetics, Chapter 2 (Unit 2): 12.

Ioannou P A, Amemiya C T, Garnes J, et al, 1994. A new bacteriophage P1‐derived vector for the propagation of large human DNA fragments [J]. Nature Genetics, 6 (1): 84‐89.

Irizarry R A, Bolstad B M, Collin F, et al, 2003. Summaries of Affymetrix GeneChip probe level data [J]. Nucleic Acids Research, 31 (4): 15.

Jansen R C, 1993. Interval mapping of multiple quantitative trait loci [J]. Genetics, 135 (1): 205.

Karn J, Brenner S, Barnett L, et al, 1980. Novel bacteriophage lambda cloning vector [J]. Proceedings of the National Academy of Sciences of the United States of America, 77 (9): 5172 - 5176.

Klein T M, Jones T J, 1980. Methods of Genetic Transformation: The Gene Gun// Molecular improvement of cereal crops [M]. Springer: Netherlands: 21 - 42.

Koboldt D C, Miller R D, Kwok P Y, 2006. Distribution of human SNPs and its effect on high - throughput genotyping [J]. Human Mutation, 27 (3): 249 - 254.

Lathrop G M, Lalouel J M, Julier C, et al, 1984. Strategies for multilocus linkage analysis in humans [J]. Proceedings of the National Academy of Sciences of the United States of America, 81 (11): 3443.

Lee S H, Walker D R, Cregan P B, et al, 2004. Comparison of four flow cytometric SNP detection assays and their use in plant improvement [J]. Theoretical &. Applied Genetics, 110 (1): 167 - 174.

Lindroos K, Liljedahl U, Raitio M, et al, 2001. Minisequencing on oligonucleotide microarrays: comparison of immobiisation chemistries [J]. Nucleic Acids Research, 29 (13): 69.

Litt M, Luty J A, 1989. A hypervariable microsatellite revealed by in vitro amplification of a dinucleotide repeat within the cardiac muscle actin gene [J]. American Journal of Human Genetics, 44 (3): 397 - 401.

Maughan P J, Maroof M A S, Buss G R, et al, 1996. Amplified fragment length polymorphism (AFLP) in soybean: species diversity, inhcritance, and near - isogenic line analysis [J]. Theoretical &. Applied Genetics, 93 (3): 392 - 401.

Millan T, Clarke H J, Siddique K H M, et al, 2006. Chickpea molecular breeding: New tools and concepts [J]. Euphytica, 147 (1 - 2): 81 - 103.

Miller F P, Vandome A F, McBrewster J, 1970. Central dogma of molecular biology [J]. Nature, 227 (5258): 561 - 563.

Moose S P, Mumm R H, 2008. Molecular plant breeding as the foundation for 21$^{st}$ century crop improvement [J]. Plant Physiology, 147 (3): 969 - 977.

Oliphant A, Barker D L, Stuelpnagel J R, et al, 2002. BeadArray technology: enabling an accurate, cost - effective approach to high - throughput genotyping [J]. Biotechniques, Suppl (6): 56.

Pritchard J K, Stephens M, Rosenberg N A, et al, 2000. Association mapping in structured populations [J]. American Journal of Human Genetics, 67 (1): 170.

Rafalski J A, 1993. Genetic analysis using random amplified polymorphic DNA markers [J]. Methods in Enzymology, 218 (1): 704 - 740.

Roeder G S, 1995. Sex and the single cell: meiosis in yeast [J]. Proceedings of the National Academy of Sciences of the United States of America, 92 (23): 10450 - 10456.

Shizuya H, Birren B, Kim U J, et al, 1992. Cloning and stable maintenance of 300 - Kilobase - Pair fragments of human DNA in *Escherichia coli* using an F - Factor - Based vector [J]. Proceedings of the National Academy of Sciences of the United States of America, 89 (18): 8794.

Silva A, Sousa A S P, Tavares J M R S, et al, 2014. IMP - HRM: an automated pipeline for high throughput SNP marker resource development for molecular breeding in orphan crops [J]. Euphytica, 200 (2): 197 - 206.

Silva L D, Wang S, Zeng Z B, 2012. Composite interval mapping and multiple interval mapping: procedures and guidelines for using Windows QTL Cartographer. [J]. Methods in Molecular Biology, 871: 75.

Tailon M P, Gu Z, Li Q, et al, 1998. Overlapping genomic sequences: a treasure trove of single - nucleotide polymorphisms [J]. Genome Research, 8 (7): 748.

Thomas W T B, 2015. Prospects for molecular breeding of barley [J]. Annals of Applied Biology, 142 (1): 1 - 12.

Tobler A R, Short S, Andersen M R, et al, 2005. The SNPlex genotyping system: a flexible and scalable platform for SNP genotyping [J]. Journal of Biomolecular Techniques, 16 (4): 398.

Wang Y, Xue Y, Li J, 2005. Towards molecular breeding and improvement of rice in China [J]. Trends in Plant Science, 10 (12): 610 - 614.

Watson J D, Crick F H C, 1953. The structure of DNA [J]. Cold Spring Harb Symp Quant Biol, 18 (3): 123 - 131.

Wen C, Wu L, Qin Y, et al, 2017. Evaluation of the reproducibility of amplicon sequencing with Illumina MiSeq platform [J]. PloS ONE, 12 (4):

e0176716.

Zhao X, Meng Z, Wang Y, et al, 2017. Pollen magnetofection for genetic modification with magnetic nanoparticles as gene carriers [J]. Nat Plants, 3 (12): 956.

Zhu C S, Gor M, Buckler E S, et al, 2008. Status and prospects of association mapping in plants [J]. Plant Genome, 1 (1): 5 - 20.

# 第二章　油棕分子育种的研究现状

## 第一节　油棕分子育种概况

### 一、油棕概况

非洲油棕（*Elaeis guineensis* Jacq.）是棕榈科（Palmae）油棕属非洲油棕种的木本油料作物，同属另外一个种是美洲油棕（*Elaeis oleifera*）。美洲油棕因其茎秆匍匐，产量较低，生产上还未大面积种植。非洲油棕（以下简称为油棕）是世界上总产量和单位面积产油量最高的油料作物，同时其产量也位列木本油料作物之首，有"世界油王"的美誉。因其产油量高，油棕目前已经在东南亚、非洲和南美洲等热带地区广泛种植，每年生产的棕榈油和棕榈仁油总量占全世界植物油的 37%（美国农业部，2018）。亚洲主要生产国有印度尼西亚、马来西亚、泰国等，提供了全球几乎 90% 的棕榈油出口量，其中马来西亚棕榈油署（Malaysian Palm Oil Board，MPOD）和印度尼西亚油棕研究所（Indonesian Oil Palm Research Institute，IOPRI）是东南亚科研实力较强的油棕研究机构。南美洲主要油棕生产国是哥斯达黎加、巴西、哥伦比亚、厄瓜多尔、洪都拉斯和危地马拉等，其中哥斯达黎加的哥斯达黎加农业服务与发展公司（Agricultural Service and Development of Costa Rica，ASD）科研实力较强。非洲主要的生产国是尼日利亚、喀麦隆、加纳和科特迪瓦等，其中尼日利亚是非洲第一大油棕生产国，而尼日利亚油棕研究所（Nigerian Institute for Oil Palm Research，NIFOR）、加纳油棕研究所（Council for Scientific and Industrial Research - Oil Palm Research Institute，CSIR - OPRI）和喀麦隆农业发展研究所（Institute of Agricultural Research for Development，IRAD）是非洲油棕科研实力较强的研究所。

油棕在满足全球不断增长的棕榈油需求的同时，也面临着产量增长停滞、对热带雨林和泥炭地的破坏等问题。但随着 2013 年油棕基因组测序的完成，利用分子育种技术改良油棕产量和品质将成为可能。两个关键的产业目标是更高的单株产油量和中果皮油酸含量超过 65％。新旧技术的结合可以帮助解决病虫害防治问题、改良株型、提高产量和收获效率。油棕品种的不断改良会使其逐步取代其他生产效率较低的热带油料作物，未来油棕在非洲、亚洲和美洲具有更广阔的种植前景。

油棕是多年生植物，主要通过有性繁殖繁衍后代。油棕花序为雌雄同株异序和混合花序，是常异花授粉植物。花序呈佛焰状，着生于叶腋。雌花序由大量小穗组成，每个小穗着生 6～40 朵雌花。雌花子房 3 室，通常受精后其中两个败育。雄花序由大量指状的穗状花序组成，每个穗状花序有 700～1 200 朵雄花。果实属于无柄核果，果实着生在大的果穗上，一般在授粉后 5～6 个月成熟。油棕不同种质资源之间在果实形状和大小表现出较大的变异。油棕果实的果皮分为外层的外果皮、肉质的中果皮和硬质的内果皮，内果皮也称为种壳。种子包含种皮和种仁，种仁主要是胚和胚乳。粗棕榈油和棕榈仁油分别从中果皮和种仁中提取。目前，油棕育种上主要采用杂交等有性繁殖方式来培育新品种，组织培养等无性繁殖方式也有应用，规模相对较小，但应用前景非常广阔。

## 二、油棕种质资源与育种

### （一）种质资源的多样性分析

大量证据表明，油棕起源于非洲，随后通过人类活动传播到其他地区。分子标记分析非洲油棕资源发现，尼日利亚可能是野生油棕多样性的中心（Maizura，2006）。非洲作为油棕起源中心，种质资源多样性非常丰富，分布的区域也非常广泛。在非洲，油棕主要分布在北纬 10°到南纬 15°之间的尼日利亚、喀麦隆、几内亚、塞拉利昂、安哥拉和刚果民主共和国［简称刚果（金）］等国家。

早期，对油棕资源的遗传多样性的研究主要通过性状评价进行分析。Sapey 等（2012）收集和评价了加纳北部 5 个地区的 22 份资源，从中筛选出抗旱种质资源，由于加纳北部地区气候恶劣，目前只有厚壳种油棕生长在这片地区，最小的种壳厚度是 1.6 mm，但种质的抗性较强。Sapey 等同时还记录了这些种质资源的茎高、果穗宽度、果穗刺长度、果穗柄重量、果实长度和宽度。Enoch 等（2015）分析了加纳油棕研究所的 3 个 Dura×Pisifera（Dura 表示厚壳种，Pisifera 表示无壳种）油棕育种群体鲜果穗产量的遗传变异、遗传力、相对遗传增益和相关性。方差分析显示果穗数量、平均果穗重量和鲜果穗产量的变异较大。三个性状的广义遗传力较大，表明这些性状主要受到遗传控制。

随后，同工酶和分子标记用在油棕种质资源评价中，其中分子标记的应用越来越多。Ghesquiere（1984）开发了 9 个同工酶，分析了来自印度尼西亚和马来西亚、安哥拉、刚果（金）和科特迪瓦 4 个区域的 252 份油棕资源多样性。Purba 等（2000）利用 4 个同工酶系统标记分析了印度尼西亚油棕研究所 4 个群体的 48 个亲本的遗传多样性，结果表明除了利用相互轮回选择育种方法之外，非洲油棕之间的杂交可能比非洲和 Deli 群体之间的杂交更有潜力。近年来，随着分子标记技术在植物种质资源评价上的应用和发展，科研人员在油棕中也开发了大量的分子标记，包括 AFLP、RFLP 和 SSR 等。Purba 等（2000）利用 5 个 AFLP 标记分析了印度尼西亚油棕研究所的 4 个群体的 48 个油棕亲本的遗传多样性。Kularatne 等（2001）利用 AFLP 标记分析了来自 11 个非洲国家和 Deli 厚壳的 687 份种质资源的遗传多样性，结果表明，尼日利亚的资源遗传多样性最高，塞内加尔、赞比亚、安哥拉和坦桑尼亚次之。加纳油棕资源多样性低，几内亚油棕资源多样性较高。聚类分析发现这些资源可以分为三个类群，其中加纳、尼日利亚、喀麦隆、刚果（金）、安哥拉和坦桑尼亚分为一类，塞内加尔、赞比亚、几内亚和塞拉利昂分为一类，马达加斯加的油棕种质资源遗传多样性较高，单独分为一类。Deli 厚壳的遗传多样性较低，和刚果

（金）油棕资源亲缘关系较近。Maizura 等（2006）利用 RFLP 标记分析来自 11 个非洲国家 [尼日利亚、喀麦隆、刚果（金）、坦桑尼亚、安哥拉、塞内加尔、塞拉利昂、几内亚、加纳、马达加斯加和赞比亚] 的 359 份油棕资源的遗传多样性，结果表明这些资源比 Deli 厚壳群体有更高的遗传多样性。尼日利亚的油棕种质资源有最高的位点等位基因数量和多态性位点比例，这表明尼日利亚可能是野生油棕多样性中心。Rajinder 等（2008）利用 5 521 个表达序列标签（Expressed Sequence Tag，EST）开发油棕 SSR 标记，最终获得 145 个 SSR 标记。Rajinder 等利用其中 10 个 EST–SSR 标记评估了 7 个非洲国家和 Deli 厚壳群体共 76 份油棕资源的遗传多样性，分析表明来自尼日利亚、刚果（金）和喀麦隆的油棕种质资源比 Deli 厚壳群体有更高的多样性。Cochard 等（2009）使用 SSR 标记分析了来自 26 个地区的 318 个油棕单株的地理和遗传多样性关系，将西非的油棕分为第一组，贝宁、尼日利亚、喀麦隆、刚果（金）、安哥拉的油棕分为第二组。其中来自第二组的 Deli 是人工选择的结果，遗传结构分析表明 Deli 群体组内的人工选择具有正向贡献，解释了 Deli×La Me 和 Deli×Congo 杂交成功的原因。丰富的遗传多样性是油棕育种的基础，Ajambang（2012）等认为东南亚油棕产业狭窄的遗传基础会限制育种群体的变异，影响未来育种进程。喀麦隆有丰富的野生油棕资源，可以增加育种群体的多样性。Arias 等（2014）对 39 份资源采用 16 个 SSR 标记分析其变异性，结果表明单株间遗传相似性很低，群体有很高的遗传多样性。利用 SSR 标记分析不同来源的油棕遗传多样性，有利于保存具有广泛遗传基础的群体，培育更有竞争力的新品种。Wongwei 等（2015）利用 SSR 标记分析油棕育种和商业种植材料的遗传多样性，使用其中的 11 个 SSR 标记可以区分开 Deli、Dumpy Deli×Yangambi×AVROS、Dumpy Deli×AVROS 和 Dumpy Deli×AVROS×La Me 群体，这些 SSR 标记可以用于后续的分子标记辅助育种和全基因组选择。Bakoumé 等（2015）利用 16 个 SSR 标记分析来自 49 个居群（包括来自 10 个非洲国家的油棕种质资源、3

个育种材料和 1 个半野生材料）的 484 个油棕单株遗传多样性，结果表明所有的油棕单株可以分为三组：极端西非组（塞内加尔、几内亚、塞拉利昂）、西非、中非和东非组［加纳、尼日利亚、喀麦隆、刚果（金）、安哥拉、坦桑尼亚、巴西、半野生材料和两个 Deli 育种材料］和马达加斯加组。马达加斯加油棕群体与其他非洲群体有很大差异，人类活动和环境可能是造成非洲油棕分为三组的重要因素。进一步的遗传结构分析显示，Deli 是西非、中非和东非组中一个独特的群体。油棕资源之间的交换和育种聚合应该基于材料间的遗传距离，以此来充分利用杂种优势提高产量。Diana（2015）认为了解资源的遗传多样性和分布对促进遗传资源的利用至关重要，利用 29 个 SSR 标记分析了 788 份油棕资源的遗传多样性。结果表明来自安哥拉和喀麦隆的油棕资源遗传多样性较高，存在较低的群体间遗传分化系数。然而，加入印度尼西亚的油棕资源后群体间遗传分化系数提高。所有的油棕资源可以分为两个核心群体，第一个核心群体包含 289 份，第二个微型核心群体包含 91 份，都涵盖 271 个保守的等位基因。Okoye 等（2016）利用 9 个 SSR 标记分析了来自尼日利亚和马来西亚的 26 份油棕资源，其中 15 份来自 NIFOR，11 份来自马来西亚，包括 2 个厚壳种育种材料、2 个无壳种育种材料、3 个尼日利亚自然群体油棕群体、2 个来自安哥拉的群体以及 2 个来自马达加斯加的自然群体材料。结果表明不同来源的油棕资源遗传差异较大，聚类分析发现马达加斯加的群体单独分为一类，主成分分析表明 NIFOR 育种亲本与源自尼日利亚和安哥拉的 MPOB 材料具有共同的起源。利用 SSR 标记分析 MPOB 和 NIFOR 的油棕种质资源遗传多样性，有助于在育种过程中更高效地利用资源。Okoye 等（2016）利用 10 个 SSR 标记分析了 15 个 NIFOR 育种亲本的遗传多样性。所有亲本的平均杂合度和基因多样性指数分别为 0.688 9 和 0.702 9。NIFOR 厚壳种和薄壳种亲本比 Deli 厚壳种亲本有更高的遗传多样性。Mudge 等（2016）在巴布亚新几内亚 Dami 试验站利用 20 个 SSR 标记分析了 126 份油棕亲本和育种群体（包括 100 株与 AVROS 和加纳育种材

料杂交的 $F_1$ 薄壳种）的遗传变异，其中 18 个标记在群体中具有多态性，可以用于将来的分子标记辅助育种。

育种材料的遗传多样性影响杂交育种的效率，筛选具有广泛多样性的育种群体成为油棕育种工作的重中之重。Lim 等（2003）分析了来自刚果（金）的 Binga、喀麦隆的 Ekona 和马来西亚的 URT 无壳种资源，Binga 群体对枯萎病有较强的抗性，Ekona 群体果穗的出油率高，其中 URT 是 Deli 厚壳种与非洲无壳种的杂交后代。在苏门答腊岛广泛利用的 AVROS 无壳种，也被用来与 Deli 杂交培育品种。AVROS 和 Ekona 的子代有最高的果穗含油量。AVROS 有更大的每果穗果实比例和中果皮占果实比例，然而 Ekona 则有更高的中果皮含油量。Binga 和 URT 与厚壳种杂交的后代因为较低的果实中果皮比例和中果皮含油量，其果穗含油量较低。URT 无壳种与厚壳种杂交子代的果穗种仁比例较高，然而 Binga 的 PKg111 无壳种的杂交子代有较高的果穗果实比例。Binga 无壳种的杂交子代比 AVROS 和 Ekona 的变异更大。在厚壳种母本中，Deli 的杂交后代比来自非洲的厚壳母本有更高的果穗含油量。非洲厚壳种的杂交后代有更高的中果皮含油量，更低的含水量和纤维含量。Deli 和非洲厚壳种杂交，以及不同来源无壳种相比目前广泛使用的 Deli×AVROS 组合产生了更好的优良性状聚合。在马来西亚，大部分油棕品种通过 Deli 与 AVROS 群体杂交培育。Claude（2007）从 1988 年到 1998 年之间在喀麦隆 La Dibamba 的油棕研究中心分析了来自 Deli×La Me 和 Deli×PO 1097 P（Yangambi）的 23 个杂交子代，发现矮秆无壳种油棕更容易用于自交和杂交授粉，后代也更容易采摘并增加了经济寿命。Bakoumé（2010）等利用 RRS（相互轮回选择法）分析了喀麦隆 La Dibamba 的育种群体，产油量有一定提升，但是没有达到预期，还需要对育种流程进行优化。Bakoume（2016）认为贝宁、喀麦隆、科特迪瓦、加纳和尼日利亚的油棕研究机构正在通过提高鲜果穗重量、果实结构改良、选择矮秆和抗病耐涝性状来努力提高产油量。由于育种材料遗传基础狭窄，每个国家通过交换育种材料来扩大油棕种质资源的遗传多样性。目前非洲已经完成了两个选择周期，第三个选择周期的后代已经在种植，预计加纳和喀麦隆每年可以分别生产400万粒和1 300万粒种子。

## （二）杂交育种

充分利用不同地区的油棕种质资源，配制杂交组合，筛选优良子代成为油棕育种的主要策略。Obasola（1974）成功进行了非洲油棕和美洲油棕的杂交，杂交 $F_1$ 代生长旺盛，植株矮化，株高增长明显慢于非洲油棕。子代大部分营养特征类似于美洲油棕，可能美洲油棕在这些性状上拥有显性基因。但是子代的果穗质量比非洲油棕差，比美洲油棕好。子代的平均果穗产量与非洲油棕相当，但是高于美洲油棕。子代发现雌雄同花的现象，子代和非洲油棕亲本一样具有较高的含油量和不饱和程度。Opute（1979）利用非洲油棕作为轮回亲本，非洲油棕和美洲油棕杂交子代的回交一代脂肪酸得到了改良。脂肪酸含量是数量性状，受多基因控制。回交后代的不饱和脂肪酸比例相比亲本有明显的提高，可用于高不饱和脂肪酸品种的培育。Chin 等（2008）认为 FELDA 农业服务有限公司在40 年的发展过程中，充分引进不同的种质资源来拓宽原本遗传基础狭窄的育种群体。MPOB 从 1989 年引进尼日利亚油棕种质资源，充分发掘了这些材料的育种潜力，比如优良的（Deli×Nigerian）厚壳种×Yangambi 无壳种。这些杂交种比现在的 FELDA Deli×Yangambi 的鲜果穗产量有大幅度提高，相应提高了产油量。Ghislain 等（2014）在尼日利亚利用 10 个 Deli 油棕资源与 4 个野生油棕群体（Abak、Ahoada、Ayangba 和 Uli）杂交，分析子代产量和抗性表现。LM2T×DA10D 和 LM2T×DA115D 的子代作为对照，果穗产量、维管束枯萎病发病率和株高增长率作为评价指标。Abak×DA10D、Ahoada×Deli 和 Uli×Deli 的幼年期果穗产量高于 LM2T×DA10D。不同的 Nigerian×Deli 材料成年期果穗产量低于两个对照。Abak×Deli 子代具有抗枯萎病特性。Ayangba×Deli 子代比两个对照有更低的株高增长率。4 个群体中的 7 个亲本在抗枯萎病和株高增长率有较高的一般配合力。这些亲本可以用于高果穗产量、矮秆和抗枯萎病的相互轮回选择育种。Arolu 等（2017）认为由于油棕表型受环境因素影响较大，子代和单株选择是最佳的育种方法，因此对高鲜果穗产量和矮秆育种采用了子代选择的方法。Deli 厚壳种和尼日利亚无壳种杂交产生 34 个全同胞家系，共 1 036 个单株。连续收集 6 年产量性状数据，结果表明子代鲜果穗产量变异显著，变异范围为 166.49～220.06 kg/（株·年）。第八年的株高变异范围为 1.67～2.78 m。所有产量性状的广义遗传力非常低（<17.6%），然而株高的广义遗传力高达 90%。聚类分析表明 34 个家系可以分为 9 组，其中 5 个家系具有高产和矮秆的特性。

多个研究结果表明，尼日利亚的油棕资源遗传多样性最高，可能是野生油棕多样性中心，育种科学家应从尼日利亚收集具有丰富遗传多样性的材料作为育种亲本。Ascenso（1966）调查了几内亚油棕品种、分布、变异、发病率和棕榈油品质情况。长期育种目标是选育 Deli 母本以及与无壳种的杂交子代。短期目标是使用无壳种花粉与 Deli 油棕杂交，在 1964 年年底生产了 45 万粒杂交种子。Blaak（1969）认为当亲本携带显性抗病基因时，子代可以大幅度减少损失。其中来自于尼日利亚干旱地区的油棕比雨林地区的更容易受到病害危害。Kularatne 等（2001）利用 AFLP 标记分析来自 11 个非洲国家的 Deli 厚壳的 687 份油棕资源遗传多样性，结果表明，尼日利亚油棕资源的遗传多样性最高，塞内加尔、赞比亚、安哥拉和坦桑尼亚次之。几内亚的更低，加纳的最低。

哥斯达黎加的油棕种质资源也很丰富，特别是利用非洲油棕和美洲油棕杂交培育出了许多优良品种。Murugesan 和 Gopakumar（2010）分析了 18 个哥斯达黎加 ASD 和 2 个 Palode 杂交种的表型变异，结果表明种壳重量、种仁重量和种子重量的变异较大。ASD 的 6 个杂交种有非常薄的种壳，2 个杂交种有很高的种仁重量。这些结果为在印度利用哥斯达黎加 ASD 杂交种提供了参考。

刚果（金）利用相互轮回选择法培育出了一些育种群体，随着 INEAC［刚果（金）农业研究所］的成功，许多油棕育种家开始采用 RRS 法。RRS 法需要两个基础群体，一个为薄壳种群体，另一个为 Deli 厚壳种群体，但是选择的方法不同。在刚果（金），在认识到种壳厚度的遗传规律之后，INEAC 利用 6 个薄壳种互相杂交（Pichel，1956）。20 世纪 80 年代开始的共同育种项目涉及刚果（金）与喀麦隆、印度尼西亚、泰国、巴布亚新几内亚和哥伦比亚（Rosenquist，1990）。由于 20 世纪 60 年代刚果（金）政局不稳，其育种群体没有构建完整，20 世纪 70 年代在 Binga 种植了大量的来自其他国家研究中心的育种材料（Dumortier，1992）。

安哥拉的油棕种质资源变异丰富，是很好的育种材料。Noh 等（2002）分别利用气相色谱和紫外分光光度法测定从安哥拉收集的 42 份 MPOB 油棕种质资源的脂肪酸组分和胡萝卜素含量。这些资源在脂肪酸组分和胡萝卜素含量上的变异明显大于现在马来西亚的育种材料。除了棕榈酸之外，其他性状的平均值都更高。棕榈酸与硬脂酸和油酸含量呈负相关，油酸和亚油酸含量也呈负相关。许多子代的胡萝卜素含量大于 1 000 mg/kg，有一个子代的碘值大于 60。脂肪酸和胡萝卜素含量的遗传力较高，表明这两个性状主要受遗传控制。因此，安哥拉油棕种质资源对于改良马来西亚油棕是非常有用的材料。

## 三、油棕自然变异和改良潜力

油棕自然变异丰富，比如种壳厚度、果皮颜色和果穗柄长度等，丰富的自然变异为油棕遗传改良提供了材料。另外，非洲油棕和美洲油棕两个种之间差异较大，如果穗含油量、单性结实比例、茎秆高度、不饱和脂肪酸含量和抗病性等（彩图 1），因此种间杂交也是开展油棕遗传改良的重要途径。

美洲油棕是广泛分布在中美洲和南美洲北部的本地物种。小而密的美洲油棕群体沿着河岸生长，耐荫蔽和洪水，与非洲油棕相比具有更广泛的环境适应性。根据更高的表型变异判断，哥伦比亚、苏里南和巴西西北部是美洲油棕的起源中心。亚马孙河流域是次级分化中心，因为许多美洲油棕群体在亚马孙 Dark Earths 等地区存在。由于人工选择的存在，美洲油棕果穗含油量约为 5%，而非洲油棕薄壳种是 25%。美洲油棕的特征是植株更矮，茎秆匍匐，单性结实的比例高达 90%。基于美洲和非洲油棕之间表型的巨大差异，开展种间杂交是油棕品种改良的重要途径。$F_1$ 杂交种表现出强的营养生长，茎秆高度居中。美洲油棕叶片形状和单性结实形状表现为显性（彩图 2）。

在野生型厚壳种油棕中，不同材料内果皮厚度为 2～8 mm。研究表明，SHELL 基因控制内果皮的发育。SHELL 的隐性突变体（sh/sh）表现为无壳果实，野生型 Sh/Sh 表现为厚的种壳，杂交种（Sh/sh）表现为薄的种壳。种壳厚度对含油量有很大影响，薄壳种比厚壳种多 30%的中果皮和 30%的果穗含油量。因为更高的产油量，薄壳种油棕已经在西非被用来进行组织培养扩繁。非洲油棕有不同颜色的外果皮，包括黑果型和绿果型（彩图 3）。黑果型积累了大量的花青素，在果实顶端表现为深紫罗兰到黑色。成熟时，因为类胡萝卜素的积累和叶绿素的降解，绿果型果实从绿色转变成橙色。黑果型可能是野生型，绿果型是突变型。绿果型油棕发生率低于 1%，然而，在一些刚果（金）油棕群体中绿果型高达 50%。可能是当地的人工选择维持了如此高的绿果型比例。一般的油棕果穗柄短粗，雄花序的柄稍长，果穗采收费力，因此短粗果穗柄是限制采收机械化的性状。目前找到一些长果穗柄的资源，利用这些资源已经培育出了长果穗柄的油棕品种。

随着人工选择和育种技术在油棕遗传改良上的应用，在 1910—1920 年，刚果（金）和东南亚国家建立了大规模的油棕商业种植园。受玉米育种的影响，油棕也培育自交系亲本，杂交后产生一致的 $F_1$ 杂交种。因此，油棕育种家通常使用相互轮回选择和家系-单株选择法来培育亲本。20 世纪 30 年代在刚果（金）开始筛选高含油量的薄壳种油棕，1956 年在马来西亚种植园开始利用无壳种和厚壳种杂交产生薄壳种。目前，大部分的商业种植品种是厚壳种和无壳种的杂交种。油棕育种学家使用限制性来源的育种群体（BPRO）可以追溯来源，通常包括小部分野生和未改良的油棕资源。例如，Deli 厚壳种目前几乎是所有薄壳种的母本，Deli 厚壳种油棕可以追溯到 1848 年种植在印度尼西亚茂物植物园的 4 株油棕。大部分的无壳种也来源于有限的地区，包括来自刚果（金）的 Django 薄壳种和来自 AVROS（现在的印度尼西亚油棕研究所）的无壳种。这两个种在印度尼西亚、马来西亚、巴布亚新几内亚和哥斯达黎加被广泛使用。商业薄壳种的遗传基础很窄，多样性不高。

　　丰富的遗传变异材料是未来油棕育种的关键，因此收集具有丰富自然变异的种质资源是油棕研究机构的主要工作之一。从 20 世纪 50 年代开始，法国国际农业研究中心（CIRAD）对数以万计的油棕自然群体资源进行筛选，从中筛选出少量的核心种质资源用于育种。从 20 世纪 70 年代开始，为了获得具有更广泛自然变异的群体，MPOB 收集保存了 1 467 份油棕种质资源。在联合国粮食及农业组织（FAO）组织的调查中，29 个参与机构共保存了 21 103 份油棕种质资源。非洲油棕种质资源的表型筛选主要由 MPOB、CIRAD、IOPRI 和 EMBRAPA 等研究机构开展。目前筛选了一些有显著变异的表型，例如：（1）叶柄和花序轴长度；（2）植株矮化；（3）果穗数量、重量和产量；（4）鲜果穗和粗棕榈油产量；（5）总营养组织干重；（6）果实和种仁大小；（7）果实种壳厚度；（8）抗枯萎病；（9）脂肪酸组分和碘值；（10）类胡萝卜素和维生素 E 含量；（11）脂肪酶活性；（12）离体再生潜力；（13）耐旱和抗寒。根据这些表型数据，选择的种质资源可用来培育改良的厚壳和无壳种亲本。

　　油棕育种学家在 20 世纪初开始对美洲油棕的农艺性状展开研究。20 世纪 20 年代，美洲油棕被引入非洲，50 年代被引入亚洲。然而，在过去的 30～40 年，马来西亚、科特迪瓦、哥斯达黎加和巴西就已经建立了美洲油棕自然群体保存库。FAO 数据库中注册了 506 份种质资源，其中 EMBRAPA（Brazilian Agricultural Research Corporation）就在巴西保存了 244 份。美洲油棕是许多经济价值性状的重要来源，包括：（1）缓慢的茎秆生长速度，减少采收成本；（2）棕榈油中不饱和脂肪酸比例更高；（3）成熟果实中果皮中脂肪酶活性更低，扩大了果实采收和加工的时间窗口；（4）更高的维生素 A 和维生素 E 含量，提升油的营养价值；（5）更广的环境适应性。另外，美洲油棕对芽腐病和枯萎病的抗性较强。

非洲油棕和美洲油棕的杂交种表现出更低的生长速度，更高的不饱和脂肪酸含量和更强的黄化病抗性，杂交种果穗和油的产量为商业油棕品种的 85％ 和 78％，一些杂交种的产油量甚至与商业薄壳种相近。但是杂交种存在自然授粉率较低的问题，生产上需要对其进行人工辅助授粉。目前 ASD、CIRAD 和 EMBRAPA 都已经利用野生美洲油棕培育出了高产的杂交种。

# 第二节　油棕分子标记的开发

## 一、基于分子杂交技术的标记

同工酶和基于分子杂交技术的 RFLP 标记多用于评价遗传多样性和构建遗传图谱，但其操作复杂，后来逐渐被其他类型分子标记取代。Jack 等（1995）利用多种 DNA 探针筛选标记，分析非洲油棕基因组、线粒体和叶绿体 RFLP 多态性。Mayes 等（1997）利用 RFLP 标记构建油棕遗传图谱。Purba 等（2000）利用 5 个 AFLP 标记和 4 个同工酶系统分析印度尼西亚油棕研究所的 48 个育种亲本的遗传多样性，标记多态性较高，能区分来自不同地区的油棕群体。Rance 等（2001）利用 153 个 RFLP 标记，在包含 84 个单株的 $F_2$ 群体中构建出 22 个连锁群，结合表型数据进行了 QTL 定位。Barcelos 等（2002）使用 RFLP 和 AFLP 标记分析美洲和非洲油棕的遗传多样性，利用 37 个 cDNA 探针分析 241 个美洲油棕和 38 个非洲油棕的 RFLP 多态性，利用 3 对酶和引物组合分析 40 份美洲油棕和 22 份非洲油棕 AFLP 多态性；结果表明 AFLP 和 RFLP 结果一致，这些油棕资源分为 4 个地理组别，即巴西组、法属圭亚那和苏里南组、秘鲁组、哥伦比亚北部和中美洲组。两个亚种的遗传进化和美洲油棕的起源同样重要。Maizura 等（2006）利用 RFLP 标记分析来自 11 个非洲国家的 359 份油棕资源遗传多样性，每个样品的基因组 DNA 用 5 个限制性酶酶切，然后与 4 个油棕 cDNA 探针杂交。使用 Biosys – 1 软件计算遗传变异参数。总的来说，现存的资源比 Deli 厚壳群体有更丰富的多样性。尼日利亚的种质资源位点多态性丰富，表明尼日利亚可能是野生油棕的多样性中心。油棕自然群体对于油棕品种改良具有重要意义。Chua（2006）在 87 个 Deli 厚壳种×Yangambi 无壳种油棕杂交 $F_1$ 单株中利用 106 个 RFLP 和 171 个 AFLP 标记构建遗传连锁图谱，厚壳种图谱包含 18 个连锁群，全长 584.1 cM，无壳种图谱包括 19 个连锁群，全长 1 099.3 cM。RFLP 标记虽然很难开发，但标记的偏分离率较低，适用于连锁作图。Singh 等（2008）开发了源于油棕 cDNA 克隆的 321 个 RFLP 探针，在薄壳种油棕（T128）自交群体中检测多态性，发现有 123 个探针具有多态性（图 2 – 1）。

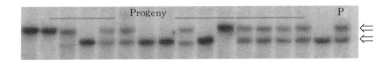

图 2 – 1　利用 cDNA 开发的 RFLP 标记

（Singh 等，2008）

## 二、基于 PCR 技术的标记

随着基于 PCR 技术的分子标记在植物上的应用，科研人员在油棕中开发了 RAPD、AFLP、SSR 和 SNP 等分子标记，基本可以满足遗传多样性分析和遗传图谱构建工作的需要。

油棕中开发了一些 RAPD 标记，但后续逐渐被淘汰。Shah 等（1994）利用 RAPD 标记分析刚果（金）油棕资源多样性。Moretzsohn 等（2000）利用 308 个 RAPD 标记在薄壳种与无壳种杂交 $F_1$ 群体中作图，其中有两个 RAPD 标记与种壳厚度位点连锁，为下一步分子标记辅助育种奠定了基础。Zakaria 等（2005）利用 RAPD 和 RAMS 标记分析了马来西亚油棕和椰子茎基腐病病菌的遗传多样性。Rival 等（2010）利用 RAPD 标记分析了油棕体细胞无性系变异情况。Premkrishnan 等（2014）开发了油棕

RAPD 和 iSCAR 标记。Thawaro 等（2008）利用 RAPD 标记鉴定了无壳种与厚壳种杂交 $F_1$ 群体子代杂合性（图 2 - 2）。Moretz-sohn 等（2000）在薄壳与无壳油棕杂交群体中利用 RAPD 标记构建了连锁图谱，发现两个 RAPD 标记与 Sh 位点连锁。

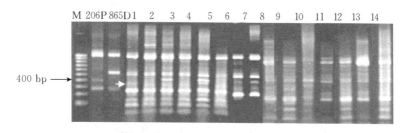

图 2 - 2　利用 RAPD 标记鉴定子代杂合性
（Thawaro 等，2008）

　　AFLP 标记在油棕遗传多样性分析和遗传图谱构建上有一些应用，另外结合甲基化敏感酶可以分析油棕组织培养中 DNA 甲基化的变化情况。Purba 等（2000）利用 5 个 AFLP 等标记分析了印度尼西亚油棕研究所的 48 个育种亲本的遗传多样性，标记的多态性较高，能区分来自不同地区的油棕群体 Matthes 等（2001）利用 AFLP 和甲基化敏感酶比较了外植体和组培苗基因型，在组培单株中检测到了新的 AFLP 条带，其中使用 Hpa Ⅱ 限制性内切酶时多态性条带数量最多（图 2 - 3）。Galeano（2005）对商业 AFLP 试剂盒的方法进行了优化，利用优化的 AFLP 方法分析来自 Cenipalma 育种群体的非洲油棕厚壳种、薄壳种以及美洲油棕的遗传多样性，结果显示相同地区收集的厚壳种聚在一起，美洲油棕与非洲油棕亲缘关系较远。Chua（2006）在 87 个 Deli 厚壳种×Yangambi 无壳种杂交 $F_1$ 单株中利用 171 个 AFLP 等标记构建了遗传连锁图谱，厚壳种图谱包含 18 个连锁群，全长 584.1 cM，无壳种图谱包括 19 个连锁群，全长 1 099.3 cM。Seng 等（2007）发现 E - ACT/M - CAT 和 E - ACT/M - CAT 的 254 bp 引物组合中开发的 142 bp 和 356 bp 的 AFLP 标记与两个杂交种的绿果性状紧密连锁，这些绿

果基因侧翼的分子标记可以用于绿果性状
的分子标记辅助育种。Singh 等（2009）
在哥伦比亚美洲油棕 UP1026 和尼日利亚
非洲油棕 T128 杂交群体中利用 AFLP 等
标记构建连锁图谱，然后使用区间作图和
复合区间作图法检测影响碘值和脂肪酸组
分的 QTL，最终定位到影响碘值以及肉豆
蔻酸、棕榈酸、硬脂酸、油酸和亚油酸含
量的 QTL 位点。Ukoskit 等（2014）在
208 个薄壳种杂交后代中利用 185 个
AFLP 标记构建了连锁图谱，图谱全长
1 932.02 cM，包括 16 个连锁群。Pattar-
apimol 等（2015）利用 64 对 EcoRI/MseI
AFLP 引物鉴定了油棕组织培养过程中与
体细胞胚胎发生相关的基因，最终筛选出
18 条相关基因序列。

　　在油棕中应用最为广泛的是 SSR 标
记，因为其多态性丰富且操作简便。Bill-
otte 等（2001）开发了 21 个 SSR 标记，
用于研究非洲油棕、美洲油棕和其他棕榈
科植物的亲缘关系。Billotte 等（2001）利
用 251 个 SSR 标记、Sh 位点和 1 个 AFLP
标记在多亲本群体中构建了连锁图谱，使

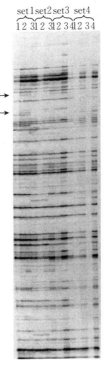

图 2 - 3　使用甲基化敏
感酶开发的
AFLP 标记
（Matthes 等，2001）

用 MCQTL 软件包分析 2×2 完全因子交配实验数据定位到的影响
24 个性状的 76 个 QTL 位点。Billotte 等（2005）在薄壳种 LM2T
和厚壳种 DA10D 杂交群体中利用 SSR、AFLP 和 Sh 位点构建了
连锁图谱。Singh 等（2008）利用油棕 5 521 条 EST 序列开发了 145
对 SSR 标记，利用其中 10 个 EST - SSR 标记分析了来自 7 个非洲
国家和 Deli 厚壳种群体的 76 份资源的遗传多样性，其中来自尼日
利亚、刚果（金）和喀麦隆的资源具有很高的遗传多样性，Deli 厚

壳群体多样性较低。Thawaro 和 Techato（2010）利用 SSR 标记分析油棕薄壳杂交种的起源，6 个无壳种亲本和 2 个厚壳种用来产生 6 个独立的子代，引物 mEgCIR008 能够用于杂交种的确认。Ngootchin 等（2010）利用 EST 序列开发了 722 对 SSR 标记，选取其中 15 对 EST－SSR 标记分析了 105 份非洲油棕和 30 份美洲油棕的遗传多样性。Seng 等（2011）在 Deli 厚壳种和 Yangambi 无壳种高产杂交群体中利用 SSR 标记构建了连锁图谱，图谱全长 2 247.5 cM，包含 479 个标记。Zaki 等（2012）在美洲油棕中开发了 20 个 SSR 标记，并且能够在椰子等棕榈科植物中扩增，可应用于资源多样性评价。Zulkifli 等（2012）利用 10 个 EST－SSR 标记分析来自 11 个非洲国家的 330 份油棕资源的遗传多样性，尼日利亚油棕资源多样性最高，马达加斯加的资源非常独特，与非洲大陆的油棕资源差异较大。安哥拉、坦桑尼亚、喀麦隆、尼日利亚、刚果（金）、塞拉利昂、几内亚和加纳的油棕资源聚为一类，赞比亚和塞内加尔的资源聚为一类，马达加斯加的资源单独聚为一类。Kamaruddin 等（2013）利用 SSR 和 SNP 标记在油棕 $BC_2$ 回交作图群体中构建遗传连锁图谱。Montoya 等（2013）利用美洲油棕与非洲油棕回交群体定位到控制脂肪酸组分的 QTL 位点，连锁图谱全长 1 485 cM，16 个连锁群，共有 362 个 SSR 标记。Ting 等（2013）在厚壳种（ENL48）和无壳种（ML161）作图群体中利用 SSR 标记构建连锁图谱，ENL48 的连锁图谱包含 23 个连锁群，148 个标记，全长 798 cM；ML161 图谱包含 24 个连锁群，240 个标记，全长 1 328.1 cM。Ting 等最终定位到两个与组织培养过程中胚胎发生相关的 QTL 位点。Zulkifli 等（2014）利用 SSR 和 SNP 标记在油棕 $BC_2$ 回交作图群体中构建了连锁图谱。Omer 等（2014）利用 SSR 标记鉴定油棕品种纯度。Ukoskit 等（2014）在 208 个薄壳种杂交后代中利用 210 个 SSR、28 个 EST－SSR、185 个 AFLP 和 Sh 位点标记构建了连锁图谱，图谱全长 1 932.02 cM，包括 16 个连锁群。周丽霞等（2014）利用油棕 EST 序列，经过拼接和处理，检索出 4 538 个 SSR，对其中 400 对 SSR 引物进行多态性检测，发现有 29 对 SSR 具有多态性。夏薇等（2014）利用 NC-BI 上公布的油棕 41 977 个 EST 序列开发 SSR 标记，在 18 份油棕资源中扩增 27 个 SSR 标记，其中有 10 个 SSR 标记具有多态性。利用这些标记将 18 份资源分为两组，一组是在中国海南文昌收集的资源，另一组是从马来西亚的资源。Nordiana 等（2014）在非洲油棕和美洲油棕种间杂交作图群体中利用 36 个 SSR 标记构建了连锁图谱。Jeennor 和 Volkaert（2014）利用 97 个 SSR 等标记在作图群体中检测基因型作图，最终构建了 31 个连锁图谱。Tae-prayoon 等（2015）利用 20 个多态性 SSR 标记分析了 3 个泰国商业育种群体的 121 份油棕资源的遗传多样性，将这些资源分为 4 组，标记的分组与资源分组基本吻合。Ihase 等（2015）利用 32 个 SSR 标记分析了尼日利亚油棕研究所育种群体多样性。Lee 等（2015）在两个厚壳种与无壳种油棕杂交群体中利用 SSR 和 SNP 标记构建了连锁图谱，连锁图谱包含 16 个连锁群，图谱上有 36 个 SNP 和 444 个 SSR 标记，图谱全长 1 565.6 cM。Cochard 等（2015）在分离群体中利用 363 个 SSR 标记构建了连锁图谱，整合图谱全长 1 935 cM，包括 281 个 SSR 标记，每 7.4 cM 有一个标记。周丽霞等（2017）利用油棕的转录组序列，通过生物信息学分析，开发出 27 个多态性 SSR 标记，并用来评价 8 个油棕品种的遗传多样性（图 2-4）。

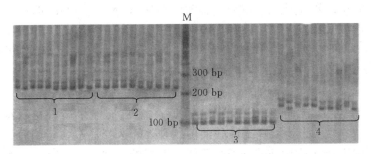

图 2-4　4 个 SSR 标记的 PAGE 电泳结果

（周丽霞等，2017）

另外，为早期鉴定油棕种壳类型，CAPS 等基于酶切和 PCR 技术的分子标记也在油棕研究中得到应用。Ritter 等（2016）研究开发由 3 对引物和 2 个限制性酶构成的分子标记系统，并在 207 个厚壳种、50 个无壳种和 242 个薄壳种油棕中进行了验证，该标记系统能很好地区分不同果实类型油棕基因型。Babu 等（2017）研究开发并验证了能鉴定油棕厚壳种、无壳种和薄壳种果实类型的 CAPS 标记，对 *SHELL* 等位基因测序发现存在两个 SNP 位点，其中 SNP2 与果实类型有关（图 2 - 5）。厚壳种基因型中核苷酸是 A，无壳种中则是 T。结合表型定位了 8 个产量性状相关的 7 个 QTL 位点。

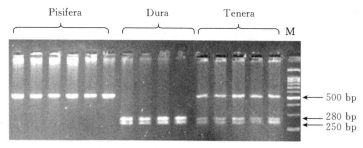

图 2 - 5　可以鉴别油棕厚壳、薄壳和无壳种的 CAPS 标记
(Babu 等，2017)

近年来，SNP 标记在油棕中被大量开发，特别是针对特定基因的 SNP 标记成为精准鉴定种质资源的有力工具。MPOB 已经开发了一个用于检测油棕种壳厚度的试剂盒 SureSawit™ Shell kit，可以早期检测样品中控制种壳厚度基因 *SHELL* 的基因型，为油棕高产资源或品种鉴定提供帮助（Singh 等，2015）。Borlay 等（2017）开发了控制油酸合成基因 SAD 的 9 个 SNP 标记，这些标记能用于预测油棕油酸含量，为以后分子标记辅助育种奠定基础（图 2 - 6）。为了培育高油酸油棕品种，筛选与油酸含量相关的基因 SNP 标记成为油酸分子标记辅助选择的重要工具。首先对编码油棕硬脂酰—酰基载体蛋白脱氢酶（Stearoyl Acyl - carrier - protein Desaturase，SAD）基因的 9 个（4 个在外显子上，5 个在内

图 2 - 6　油棕油酸合成相关基因 SAD 的 SNP 标记在不同材料间的多态性
(Borlay 等，2017)

含子上）SNP 位点进行分析，开发了可检测油酸含量等位基因特异性单核苷酸扩增多态性（Allele‑specific Single Nucleotide Amplified Polymorphism，SNAP）标记。由于油棕基因组数据的公布和 *SHELL* 基因被克隆，石鹏等（2018）分析油棕种壳厚度控制基因 *SHELL* 的变异位点，开发了一对 SNP 标记，可以区分厚壳种和薄壳种，为油棕种质资源早期鉴定奠定基础（图 2 - 7）。

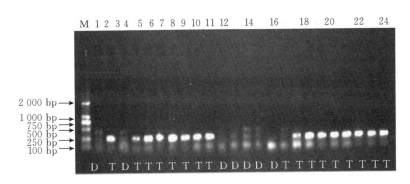

图 2 - 7　依据 *SHELL* 基因序列开发的 SNP 标记检测结果
(石鹏等，2018)

## 三、基于 DNA 测序技术的标记

得益于 DNA 测序技术的快速发展，利用 DNA 测序技术大量开发分子标记成为可能。DNA 测序技术由于标记通量高、速度快、精确度高，正成为高密度遗传图谱构建和关联分析的重要工具。Riju 等（2007）利用油棕 EST 数据库开发 SNP 和 Indel 标记，筛选到 1 180 个 SNP 和 137 个 Indel 多态性位点。Ooi 等（2012）利

用 Illumina Golden Gate 芯片技术开发了 1 536 个 SNP，检测 $F_2$ 自
交作图群体基因型，构建了连锁图谱，最终筛选到与果实颜色连锁
的 SNP 标记。Mustaffa 等（2013）通过 Illumina BeadArray 平台
开发了 4 451 个 SNP 标记，分析了 475 份来自安哥拉、坦桑尼亚、
尼日利亚和马达加斯加的非洲油棕资源的群体结构。Gan（2014）
在薄壳种油棕自交 $F_2$ 群体中利用 DarTSeq 平台检测基因型，产生了
11 675 个 DarTSeq 多态性标记。两个连锁图全长分别为 1 874. 8 cM
和 1 720. 6 cM，都有 16 个连锁群。Pootakham 等（2015）利用
GBS 方法大规模开发了 21 471 个 SNP 标记（图 2 - 8）。Tae-
prayoon 等（2015）利用 Illumina HiSeq 测序数据开发油棕 SSR 标
记，共获得 39 Gb 基因组数据，从中筛选出 130 840 个潜在的 SSR
标记。Ong 等（2015）利用油棕基因组序列开发了 62 个 SNP 标
记，分析了 2 个安哥拉自然群体 219 份油棕资源的遗传多样性。

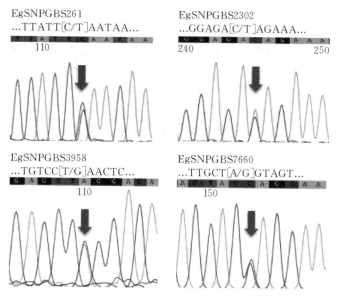

EgSNPGBS261
...TTATT[C/T]AATAA...
110

EgSNPGBS2302
...GGAGA[C/T]AGAAA...
240                          250

EgSNPGBS3958
...TGTCC[T/G]AACTC...
110

EgSNPGBS7660
...TTGCT[A/G]GTAGT...
150

图 2 - 8　利用 GBS 方法开发的 SNP 标记

（Pootakham 等，2015）

Teh 等（2016）通过 200 K 的 SNP 芯片检测 2 045 份油棕资源基因型，进行 GWAS 分析。Bai 等（2017）在 Deli 厚壳种和加纳无壳种油棕杂交育种群体中使用基因分型测序（Genotyping - by - Sequencing，GBS）方法开发 SNP 标记，构建遗传图谱并定位含油量 QTL。其中 $F_1$ 群体包含 153 个单株，高密度遗传连锁图谱包含 1 357 个 SNP 等标记，图谱全长 1 527 cM。

# 第三节 油棕遗传图谱的构建及重要性状的 QTL 定位

## 一、作图群体与遗传图谱构建

作图群体是构建遗传图谱的基础，油棕是常异花授粉的多年生木本植物，个体高度杂合，一般使用 $F_1$ 和 $F_2$ 群体作图。Mayes 等（1997）利用 RFLP 标记构建遗传图谱，分离群体包括 98 个单株，共产生 103 个位点，其中有 97 个标记分布在 24 个连锁群上，连锁图全长 860 cM。连锁图具有较好的基因组覆盖度和较少的标记偏分离。作图群体由重要育种材料 A137/30 自交产生，能够产生种壳厚度（Sh）的分离。距离 Sh 位点最近的是 9.8 cM 处的 pOPg-SP1282，在更小的群体（A137/30×E80/29）中可以进一步缩小到 6.6 cM。研究者还把 RFLP 标记转化为可以进行 PCR 标记的试验，发现有两个 RFLP 标记可以转化成具有多态性的标记。Rance 等（2001）利用 153 个 RFLP 标记，在包含 84 个单株的 $F_2$ 群体中构建出 22 个连锁群。Chua（2006）在 87 个 Deli 厚壳种 × Yangambi 无壳种杂交 $F_1$ 单株中利用 106 个 RFLP 和 171 个 AFLP 标记构建遗传连锁图谱，厚壳种图谱包含 18 个连锁群，全长 584.1 cM，无壳种图谱包含 19 个连锁群，全长 1 099.3 cM。RFLP 标记虽然很难开发，但标记的偏分离率较低，在连锁作图中非常有用。Singh 等（2008）开发了源于油棕 cDNA 克隆的 321 个 RFLP 探针，在薄壳种油棕（T128）自交群体中检测多态性，发现有 123 个探针具有多态性。其中 116 个标记用来构建遗传连锁图谱，图谱包括 20 个连锁群，全长 693 cM。Ting 等（2014）在 Illumina In-finium 平台上利用 4.5K 油棕 SNP 芯片开发 SNP 标记，利用这些 SNP 标记和 252 个 SSR 标记在两个作图群体中检测基因型，最终成功构建出两个高密度遗传连锁图谱（图 2-9）。其中 DP 图谱全长 1 867 cM，包含 16 个连锁群，图谱上共有 1 331 个标记；而 OT 图谱是首个哥伦比亚美洲油棕，全长 471 cM，包含 10 个连锁群，共有 65 个标记。

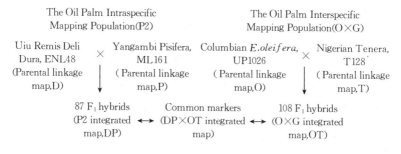

图 2-9　连锁图谱构建策略

注：P2 是非洲油棕种内杂交作图群体，O×G 是非洲和美洲油棕种间杂交作图群体，分别构建出 DP 和 OT 整合图谱，最后整合成 DP×OT 整合图谱

（Ting 等，2014）

油棕中主要使用 AFLP、SSR、SNP 和 DarTSeq 等分子标记构建遗传连锁图谱，目前的图谱包含 16 个连锁群，标记密度较高，可以进行 QTL 定位研究。遗传图谱绘制一般使用 JoinMap 和 MapChart 软件。Moretzsohn 等（2000）在薄壳与无壳油棕杂交群体中利用 RAPD 标记构建连锁图谱，发现两个 RAPD 标记与 Sh 位点连锁。Billotte 等（2005）在薄壳种 LM2T 和厚壳种 DA10D 杂交群体中利用 SSR、AFLP 和 Sh 位点构建连锁图谱，图谱全长 1 743 cM，包含 16 个连锁群，连锁图谱上有 255 个 SSR 标记、688 个 AFLP 标记和 Sh 基因位点。Singh 等（2009）在哥伦比亚美洲油棕 UP1026 和尼日利亚非洲油棕 T128 杂交群体中利用 AFLP、RFLP 和 SSR 标记构建了连锁图谱。Billotte 等（2010）利用

251 个 SSR 标记、Sh 位点和 1 个 AFLP 标记在多亲本群体中构建了连锁图谱。Seng 等（2011）在 Deli 厚壳种和 Yangambi 无壳种高产杂交群体中利用 SSR 标记构建连锁图谱，图谱全长 2 247.5 cM，包含479 个标记。Montoya 等（2013）利用美洲油棕与非洲油棕回交群体定位了控制脂肪酸组分的 QTL 位点，连锁图谱全长 1 485 cM，包含 16 个连锁群，共 362 个 SSR 标记。Kamaruddin 等（2013）利用 SSR 和 SNP 标记在油棕 $BC_2$ 回交作图群体中构建遗传连锁图谱，图谱包含 16 个连锁群。Zulkifli 等（2014）利用 515 个 SSR和 4 451 个 SNP 标记在油棕 $BC_2$ 回交作图群体中构建连锁图谱，群体包含 75 个单株。Nordiana 等（2014）在非洲油棕和美洲油棕种间杂交作图群体中利用 36 个 SSR 标记构建连锁图谱，最终构建了非洲油棕 T128 亲本图谱，图谱全长 2 402.6 cM，共 25 个连锁群。Gan（2014）在薄壳种油棕自交 $F_2$ 群体中利用 DarTSeq 平台检测基因型，产生了 11 675 个 DarTSeq 多态性标记，两个连锁图全长分别为 1 874.8 cM 和 1 720.6 cM，各有 16 个连锁群。Jeennor 和Volkaert（2014）利用 97 个 SSR 标记、93 个基因相关标记和 12个 SNP 标记在作图群体中检测基因型，最终构建 31 个连锁群。Ukoskit 等（2014）在两个薄壳种杂交子代中利用 210 个 SSR、28个 EST - SSR、185 个 AFLP 和 Sh 位点标记构建连锁图谱，图谱全长 1 932.02 cM，包括 16 个连锁群。Pootakham 等（2015）在108 个 $F_2$ 作图群体中检测基因型，最终构建 1 429.6 cM 的连锁谱，图谱上标记数量为 1 085 个。Lee 等（2015）在两个厚壳种与无壳种杂交群体中利用 SSR 和 SNP 标记构建连锁图谱，连锁图谱包含 16 个连锁群，图谱上有 36 个 SNP 和 444 个 SSR 标记，图谱全长 1 565.6 cM。Cochard 等（2015）在分离群体中利用 363 个SSR 标记构建连锁图谱，整合图谱全长 1 935 cM，包括 281 个 SSR标记，每 7.4 cM 有 1 个标记。Bai 等（2017）在 Deli 厚壳种和加纳无壳种杂交育种群体中使用 GBS 方法定位 QTL，$F_1$ 群体包含153 个单株，高密度遗传连锁图谱包含 1 357 个 SNP 和 123 个 SSR标记，图谱全长 1 527 cM（图 2 - 10）。

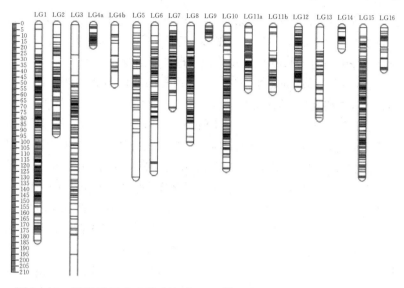

图 2 - 10　利用 SNP 和 SSR 标记在 $F_1$ 群体中构建的高密度遗传连锁图谱

(Bai 等，2017)

## 二、重要性状 QTL 定位

在遗传连锁图谱的基础上，结合产量、品质和生长发育等性状表型数据和群体基因型数据，利用 QTL 定位软件，即可进行 QTL 定位分析、寻找控制性状的位点，为进一步精细作图克隆基因奠定基础。由于油棕生育期较长，构建近等基因系等精细作图群体难度较大，目前还少有图位克隆成功的报道。Rance 等（2001）利用 153 个 RFLP 标记，在包含 84 个单株的 $F_2$ 群体中构建出 22 个连锁群，结合表型数据利用 QTL Cartographer 软件包进行了 QTL 定位，果实重量、叶柄夹角、花柄长度、种壳占果实比例、中果皮占果实比例和种仁占果实比例定位到具有显著水平的 QTL 位点，表型解释率为 8.2% ～ 44.0%。Ting 等（2013）在厚壳种（ENL48）和无壳种（ML161）作图群体中利用 SSR 标记构建连锁图谱，ENL48 的连锁图谱包含 23 个连锁群，148 个标记，全长 798 cM；ML161 图谱包含 24 个连锁群，240 个标记，全长 1 328.1 cM。

同时利用 GenStat 软件分析最终定位到两个与组织培养胚胎发生相关的 QTL 位点。Montoya 等（2013）利用美洲油棕与非洲油棕回交群体定位控制脂肪酸组分的 QTL 位点，连锁图谱全长 1 485 cM，16 个连锁群，共有 362 个 SSR 标记。共定位到 19 个与棕榈油脂肪酸组分相关的 QTL 位点，并且对油酸合成相关的 *FATA* 和 *SAD* 基因进行 SNP 标记分析。Montoya 等（2014）在 LM2T 和 DA10D 杂交群体中利用 SSR 标记定位到影响脂肪酸组分和碘值的 16 个 QTL 位点，解释的表型变异为 10%～36%。Gan（2014）在薄壳种油棕自交 F$_2$ 群体中利用 DarTSeq 平台检测基因型，产生了 11 675 个 DarTSeq 多态性标记，两个连锁图分别全长 1 874.8 cM 和 1 720.6 cM，都有 16 个连锁群。同时利用 MapQTL 6 软件在两个作图群体中分别定位到控制产量和营养生长的显著 QTL 位点 4 个和 2 个。另外，在 Sh 位点侧翼 5 cM 位置找到 32 个 SNP 和 DarT 标记，其中有 23 个 DarTSeq 标记位于 *SHELL* 基因所处的 p5_sc00060scaffold 之内。Pootakham 等（2015）利用 GBS 方法开发了 21 471 个 SNP 标记，并构建了 1 429.6 cM 的连锁图谱，利用 R/qtl 软件在连锁群 10、14 和 15 上定位到影响茎秆高度的 3 个 QTL。Lee 等（2015）在两个厚壳种与无壳种杂交群体中利用 MapQTL 5.0 软件在连锁群 5 上检测到控制株高的 QTL 位点，解释了 51% 的表型变异。Tisné 等（2015）使用混合线性模型扫描 QTL，定位到 18 个控制重要性状的 QTL 位点。Ting 等（2016）利用美洲油棕和非洲油棕杂交群体定位控制碘值和脂肪酸组分的 QTL 位点，定位到控制碘值和脂肪酸组分的 10 个主效和 2 个潜在 QTL 位点，其中控制碘值和棕榈酸的主效 QTL 解释表型变异的 60.0%～69.0%（图 2-11）。Seng 等（2016）定位到控制 21 个产油量性状相关的 164 个 QTL 位点，这些 QTL 证实所有相关性状都受多基因控制，基因之间可能存在上位效应，并且一些 QTL 位点可能是一因多效的。Bai 等（2017）在 Deli 厚壳种和加纳无壳种油棕杂交育种群体中使用 GBS 方法定位 QTL，F$_1$ 群体包含 153 个单株，高密度遗传连锁图谱包含 1 357 个 SNP 和 123 个 SSR 标记，图谱全长

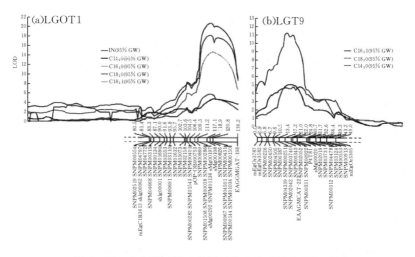

图 2-11　在非洲油棕和美洲油棕杂交群体中定位到的
控制碘值和脂肪酸组分的 QTL 位点
（Ting 等，2016）

1 527 cM。在连锁群 1、8 和 10 上检测到控制果穗含油量、中果皮含油量的显著 QTL 1 个，微效 QTL 3 个，这些 QTL 解释表型变异的7.6%～13.3%。

## 三、全基因组关联分析

油棕是多年生木本植物，生长周期长，通过 QTL 定位鉴定控制重要性状的基因耗时长，并且很难一次性定位到关键基因。而使用自然群体进行基因定位的关联分析为油棕提供了一条可行的方法，随着高通量测序技术的应用，在油棕中进行全基因组关联分析成为可能。Teh 等（2016）通过 200k 的 SNP 芯片检测 2 045 份油棕资源基因型，进行中果皮含油量的 GWAS 分析，最终找到与中果皮含油量相关的 3 个关键位点（图 2-12）。利用关联到的 SNP 分子标记SD_SNP_000019529 对 Deli 厚壳群体和 AVROS 育种材料进行分子标记辅助选择，同时验证了这个 SNP 标记与中果皮含油量的相关性，为分子标记辅助育种和进一步定位基因奠定基础（图 2-13）。

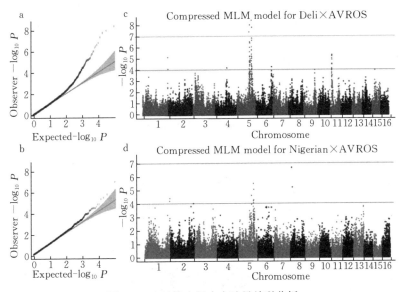

图 2 - 12　油棕中果皮含油量关联分析

a. Deli×AVROS 群体中果皮含油量 QQ 图；b. Nigerian×AVROS 群体中果皮含油
量 QQ 图；c. Deli×AVROS 群体中果皮含油量关联分析；d. Nigerian×AVROS 群体中
果皮含油量关联分析

(Teh 等，2016)

## 四、基因组选择

油棕的产量、品质和抗性等许多性状是数量性状，受多基因控制，通过性状选择和分子标记辅助选择的效率不高。油棕基因组测序的完成和高通量分子标记技术的发展，使得油棕基因组选择成为可能。油棕常规杂交育种耗时长，Wong 等（2008）认为全基因组选择比分子标记辅助选择和表型选择效率更高，节省选育的时间和成本，将大大加快选育速度（图 2 - 14）。

Cros 等（2015）在两个传统相互轮回选择群体 Deli 和 Group B 中利用 265 个 SSR 标记进行基因组选择分析，在预测 8 个产量性状育种值时评估群体内的基因组选择精度。Cros 等（2015）比较了基因组选择和相互轮回选择的时间间隔和强度，发现在 1 700

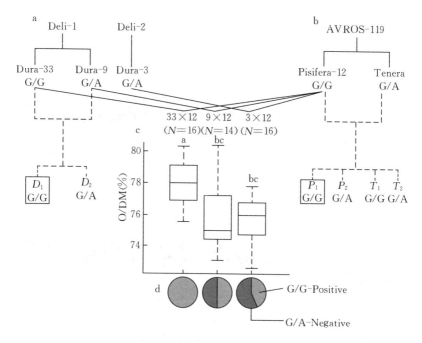

图 2 - 13　使用 SNP 标记进行 Deli 厚壳油棕群体的分子标记辅助选择

a. Deli 厚壳群体和新构建的 Deli 群体；b. AVROS 群体和新构建的 AVROS 群体；c. 来自新构建的 Deli 和 AVROS 的 3 种测交子代中果皮含油量箱线图；d. 每个子代测交群体的 SNP 基因型

(Teh 等，2016)

个杂交种中基因组选择的响应高于相互轮回选择。基因组选择能快速提高性状表现，比如油棕果穗产量性状。Kwong 等（2017）在商业群体 Ulu Remis×AVROS 的 1 218 个单株中利用 OP200K 芯片鉴定基因型，测定果实种壳比例、果实中果皮比例、果实种仁比例、果穗果实比例、果穗含油量和单株产油量性状，这些性状的遗传力在 0.40～0.80。采用 RR - BLUP、贝叶斯 A、Cπ、Lasso 和岭回归方法进行基因组选择评估，预测精度为 0.40～0.70，与性状的遗传力相关（图 2 - 15）。

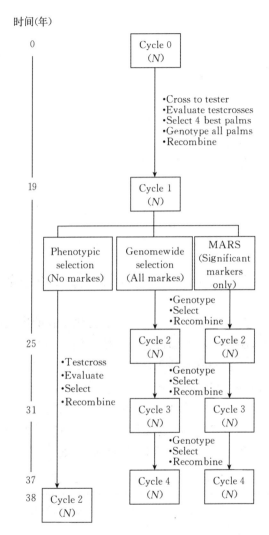

图 2 - 14 油棕表型选择、全基因组选择和分子标记辅助选择比较
（Wong 等，2008）

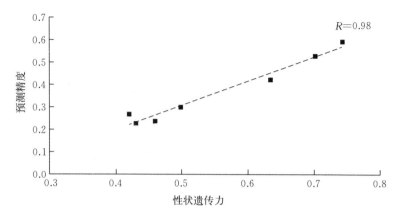

图 2 - 15    基因组选择预测精度与性状遗传力呈正相关
(Kwong 等，2017)

# 第四节　油棕重要性状的遗传机制解析

分子生物学的发展给油棕遗传改良提供了新的途径，其中一些生物技术和方法已经在油棕育种中开始应用，例如，体细胞组织培养和分子标记指纹图谱。高通量的基因组学和功能基因组学技术将推动对油棕重要性状遗传基础的解析，成为油棕育种的重要工具。近年来，油棕基因组、转录组、蛋白组和代谢组等组学得到快速发展，科研人员相继完成了油棕基因组测序，以及控制产量、脂肪酸降解、果皮颜色、组培变异等基因的克隆（表 2 - 1）。

表 2 - 1　油棕组学研究主要进展

| 事件 | 研究方法 | 研究结果 | 年份 |
| --- | --- | --- | --- |
| 基因组测序 | 全基因组测序 | 油棕基因组 1.5 Gb，鉴定出 34 802 个基因 | 2013 |
| *SHELL* 基因克隆 | 遗传定位 | 克隆 *SHELL* 基因，解析无壳种、厚壳种和薄壳种形成分子机制 | 2013 |

（续）

| 事件 | 研究方法 | 研究结果 | 年份 |
|------|---------|---------|------|
| *EgLIP1* 基因克隆 | 蛋白质质谱分析 | 克隆合成脂肪酶基因 *EgLIP1*，其调控中果皮脂肪酸降解 | 2013 |
| 高、低含油量中果皮差异蛋白 | iTRAQ | 高、低含油量油棕中果皮三羧酸循环和氧化磷酸化途径中存在差异蛋白 | 2013 |
| 油棕叶片代谢物测定 | 液相质谱 | 鉴定出叶片中 13 种代谢产物 | 2013 |
| *EgVIR* 基因克隆 | 遗传定位 | 克隆控制外果皮颜色基因 *EgVIR*，并解释其变异的分子机制 | 2014 |
| mantled 变异机制解析 | DNA 甲基化测序 | 解析油棕组培导致的 mantled 变异机制，是开花相关基因 *DEF* 内含子中的 *LINE* 反转座子 DNA 去甲基化，导致转录序列改变并提前终止 | 2015 |

为获得油棕全基因组序列，MPOB 利用 Roche/454 测序平台对非洲油棕和美洲油棕进行了测序，同时对 12× 的 BAC 文库末端测序，对超过 30 份组织样品进行转录组测序，最终完成了油棕基因组测序，包含 1.8 Gb 的基因组数据（彩图 4）；利用 40 360 个 scaffold（N50＝1.045 MB）拼接的 1.535 Gb 序列和来自 30 个组织的转录组数据筛选出超过 34 802 个基因，包括脂肪酸合成相关基因和 *WRI1* 等转录因子。同时也公布了美洲油棕的基因组序列，与非洲油棕进化上存在区别。

为了获得油棕基因组低甲基化区域的序列信息，MPOB 从 2004 年开始利用冷泉港实验室开发的 GeneThresher™ 技术对油棕基因组低甲基化区域进行测序（图 2-16）。结果表明，非洲油棕和美洲油棕基因组低甲基化区域中分别产生了 30 万条和 15 万条序列，估计非洲油棕低甲基化基因组区域为 705 Mb。另外，共找到 33 752 条微卫星和 40 820 个 SNP 标记，以及与花序发育相关转录因子 *MADS*、*Squamosa* 和 *Apetala2* 等。

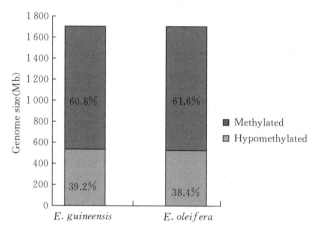

图 2-16　非洲油棕和美洲油棕基因组的低甲基化区域

## 一、脂肪酸

油棕生产的主要产品是棕榈油和棕榈仁油。果肉中提取的是棕榈油，其中脂肪酸组分主要是棕榈酸和油酸。胚乳中提取的油是棕榈仁油，主要的脂肪酸组分是月桂酸。棕榈油饱和脂肪酸比例高达 50%，影响了其在食用油使用方面的印象。改良油棕脂肪酸组分，培育不饱和的高油酸油棕品种迫在眉睫。同时，油棕的产油量潜力还有待进一步挖掘。然而，运用传统育种方法改良油棕脂肪酸含量和组分耗时长达 10 年，分子标记辅助选择可以缩短选择时间，降低育种成本。目前油棕脂肪酸性状的分子机理解析主要集中于控制脂肪酸合成基因的克隆与表达分析，分子标记开发侧重于通过连锁图谱构建和 QTL 定位来进行。

Jeennor 和 Volkaert（2014）利用 97 个 SSR 标记、93 个基因相关标记和 12 个 SNP 标记在作图群体中检测基因型作图，最终构建 31 个连锁群。使用单标记连锁、区间作图和多 QTL 定位方法，在 7 个连锁群上定位到影响鲜果穗产量、果实含油量、果穗含油量、果穗果实比例和果实中果皮比例等重要产量性状的 QTL，解释表型变异达到 12.4%～54.5%。Montoya 等（2014）在 LM2T 和 DA10D 杂交群体中利用 SSR 标记定位到影响脂肪酸组分和碘值的 16 个 QTL 位点，解释的表型变异为 10%～36%。

Fabienne 等（2011）分析了造成油棕和椰枣中果皮碳源分配差异巨大的转录组和代谢方面的原因，油棕是植物界中果皮占果实含油量比例最高的物种，然而亲缘关系较近的椰枣中果皮却积累了大量的糖（彩图 5）。为了解析造成碳源分配巨大差异的机制，在油棕和椰枣中果皮发育过程中开展了转录组和代谢分析。和椰枣相比，油棕高含油量与脂肪酸合成相关酶、特异的质体转运子和质体碳代谢关键酶更高的表达水平有关，比如磷酸果糖激酶、丙酮酸激酶和丙酮酸脱氢酶。油棕转录因子 WRI1 表达水平是椰枣的 57 倍，其显示出与目的基因相似的时间模式。尽管油脂含量相差百倍，但是油棕和椰枣的与三酰甘油相关的大部分基因表达水平相当。这些数据表明质体中脂肪酸的合成和丙酮酸的供应是油棕中果皮油脂积累的关键点。

油棕中果皮含油量高，而胚乳和胚中的含油量则较低，为研究其分子机制，Stéphane 等（2013）采用转录组测序的方法比较油棕中果皮、胚乳和胚中脂肪酸代谢相关基因的转录差异，脂肪组分分析发现胚乳中脂肪酸组分主要是月桂酸，中果皮中主要是棕榈酸和油酸，胚中主要是亚油酸。中果皮和种子组织中细胞质和质体的糖酵解途径差异明显，但是蔗糖转化为丙酮酸相关基因转录模式与含油量的变异没有相关性。月桂酸的积累依赖于特异的酰基 酰基载体蛋白硫脂酶表达量和三酰甘油异构体组装量的急剧上升。转录组分析还筛选到三个 WRI1 转录因子，其中 EgWRI1－1 和 EgWRI－2 在中果皮和胚乳油脂积累过程中大量表达，而在胚中没有检测到这三个 WRI1 基因的表达（彩图 6）。脂肪酸合成基因的转录水平与 WRI1 转录和含油量密切相关。

## 二、种壳厚度

种壳厚度是油棕最重要的经济性状之一，和果实大小和产油量关系密切。油棕种壳类型的早期鉴定在杂交育种中至关重要。Babu 等（2017）根据 *SHELL* 基因序列特征开发并验证能鉴定油棕厚壳种、无壳种和薄壳种果实类型的 CAPS 标记，*SHELL* 等位基因测序发现存在两个 SNP 位点，其中 SNP2 与果实类型有关。该位点在厚壳种基因型中核苷酸是碱基 A，无壳种中则是 T。Ritter 等（2016）开发了由 3 对引物和 2 个限制性酶构成的分子标记系统，并在 207 个厚壳种、50 个无壳种和 242 个薄壳种油棕中进行了验证，结果发现该标记系统能很好地区分不同果实类型油棕基因型。

油棕全基因组测序推动了 *SHELL* 基因的鉴定，基于该基因对形成三种果实类型（厚壳种、无壳种和薄壳种）的分子机制进行了研究。Singh 等（2013b）对从尼日利亚收集的薄壳油棕资源 T128 自交群体的 *SHELL* 基因的遗传规律进行评估，结果发现种壳的有无是油棕最重要的单基因控制性状，并且因为携带这个基因的杂合位点的薄壳种产油量增加，其成为受欢迎的商业种植材料。结果还发现其中一个纯合子（厚壳种）比薄壳种少 30％的产油量，另外一个纯合子（无壳种）一般是雌花不育，没有产油量。Singh 等借助基因组信息和纯合子作图定位到 *SHELL* 基因（图 2 - 17）。*SHELL* 基因与 *MADS box* 基因 *SEEDSTICK* 同源，有两个突变位点。两个突变位点与不同果实类型紧密相关，因此也开发了 SureSawitShell 试剂盒来提前鉴定油棕苗的果实类型。如果采用传统性状鉴定方法，大概需要等到生长至第 6 年才能确定果实类型。所以基因克隆以及依据突变位点开发的分子标记为种质资源鉴定节省了大量时间。

## 三、脂肪酶

油棕果实收获后，高活性的脂肪酶会导致中果皮产生大量游离

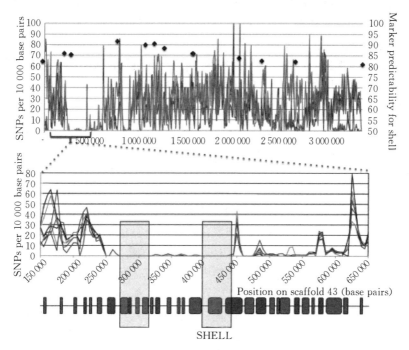

图 2 - 17 纯合子作图法定位到控制种壳厚度的 *SHELL* 基因

(Singh 等，2013b)

脂肪酸，当游离脂肪酸含量大于 5％时会严重影响商品油的质量，不适合食用。脂肪酶的水解活性很高，能够在 5min 内水解 30％的油脂，后来研究发现高温能使脂肪酶失活，因此油棕果实收获后会立即进行高温杀酵，能够有效抑制脂肪酸的水解。油棕果实从采收到高温处理的过程中仍然会产生游离脂肪酸。目前大规模的商业化种植园的粗棕榈油游离脂肪酸水平一般为 3％～4％，而在非洲尼日利亚等地的小农场其游离脂肪酸水平高达 9％，甚至超过 15％。为了减少酸败，果穗一般会在完全成熟之前被采收，此时的产油量并未达到最大值，因而会影响产油量。同时，为了尽快将果穗送入榨油厂，需要消耗大量劳动力用于收获果穗。为了减少酸败，保证棕榈油质量，同时降低劳动力成本，Morcillo 等（2013）利用脂肪酶活性差异显著的油棕资源研究控制脂肪酶合成的基因，期望发现低脂肪酶活性品种选育的有效标记。研究人员比较了高、低脂肪酶油棕资源的游离脂肪酸含量，从高脂肪酶活性资源中分离出 55 ku 的脂肪酶蛋白，质谱分析表明该蛋白质与蓖麻脂肪酶同源，免疫定位数据显示脂肪酶定位于油体表面，说明 *EgLIP1* 编码中果皮脂肪酶（图 2 - 18）。脂肪酶基因的鉴定解析了油棕脂肪酸酸败的分子机制，可为筛选低脂肪酶活性的油棕种质资源或品种提供依据。

## 四、果实颜色

油棕基因组序列的公布也推动了果实颜色控制基因的研究。油棕果实颜色变化较多，最普通的类型是黑果型（Nigrescens），未成熟时果实顶部呈深紫罗兰色到黑色，基部呈黄色，成熟时变为暗红色。另一种类型是绿果型（Virescens），成熟前是绿色，成熟时呈橙红色。两种果实类型都在自然界中存在，但是绿果型的频率要低一些，尽管其对于黑果型呈显性。在生产上，种植者对绿果型的油棕需求更迫切，因为果实成熟过程中颜色巨大差异使得采收时更容易辨别果穗的成熟度，尤其是对树体较高的果穗成熟度的判断很重要（果穗被叶柄挡住而不容易分辨成熟度）。油棕果实外果皮颜色的遗传规律最初在薄壳种油棕 T128 资源的自交群体中进行评估，结果表明果皮颜色受显性基因控制。随后 Singh 等（2014）使用非洲油棕参考基因组序列，找到了控制油棕外果皮颜色的 *VIRESCENS* 基因，*VIR* 是 R2R3 - MYB 转录因子（图 2 - 19）。MPOB 从非洲收集的 400 份油棕种质资源中发现了 *VIR* 基因的 5 个独立突变位点。

## 五、mantled 变异

油棕是目前世界上效率最高的产油作物，但是食用油和生物柴油需求的不断增长和热带雨林保护之间的矛盾加剧，使得油棕产量提升面临更大的压力。薄壳种的选育和栽培将油棕产量提升了30%，几乎达到了极限。研究表明，栽培高产薄壳油棕单株的组培苗为产量提升指明了方向，可以再提升 20%～30% 的产量。通过

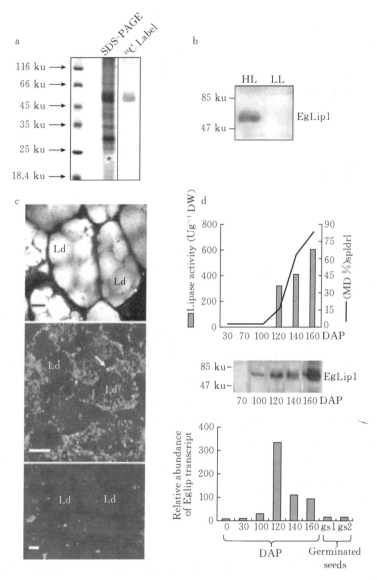

图 2-18 *EgLIP1* 酶在高和低脂肪酶活性油棕中的差异和亚细胞定位

（Morcillo 等，2013）

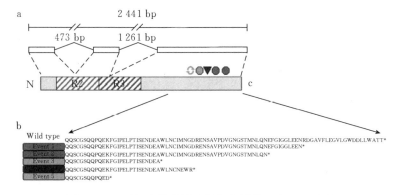

图 2 - 19　引起油棕外果皮颜色变异的 5 个 *VIR* 突变

(Singh 等，2014)

组织培养可以繁育成千上万株克隆苗，然而马来西亚最早报道了高频率的克隆苗雌花变异，表型命名为"mantled"。它表现为一种多肉的类心皮结构取代了雄蕊，并包裹在油棕果周围。这种变异会降低中果皮的含油量，甚至导致雌花不育。前期研究发现 mantled 变异组培苗的 DNA 甲基化水平降低，随后 Ong 等（2015）使用全表观基因组关联分析（Epigenome - wide Association Study，EWAS），最终找到了导致油棕组培苗 mantled 变异的机制，认为是 *DEFICIENS* 基因内含子中的 *Karma* 转座子高度甲基化的果实能够正常发育，而甲基化降低则导致 *Karma* 转座子发生转录，转录本中有终止密码发生了提前终止，转录产物的改变最终导致果实结构变异而降低产量（图 2 - 20）。组织培养过程中 *Karma* 甲基化缺失和小 RNA 的存在导致 mantled 变异，因此在组织培养期间或者幼苗期进行早期筛选将保证克隆苗质量，同时减少对土地资源的浪费。

## 六、生长发育

在油棕基因组公布之前，为了解析油棕生长发育过程中重要性状变异的分子机制，通过对 cDNA 文库进行测序获得表达序列标签是发现基因的第一个有效步骤。Lechauve（2005）取生长在科特

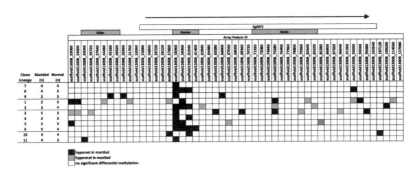

图 2-20　利用 EWAS 对克隆株系进行 DNA 甲基化变化预测

(Ong 等，2015)

迪瓦和贝宁的油棕雄花序、雌花序、小穗、茎顶端分生组织、mantled 变异株系茎尖、合子胚等组织，提取 RNA 后构建 cDNA 文库，使用 ABI3700 测序仪测序，共获得 2 411 条 EST 序列，簇分析将序列分为 209 组和 1 874 条 singletons，同时对 2 083 条 EST 序列中的 1 252 条进行了功能聚类分析（图 2-21）。

## 七、体细胞胚胎发生

为鉴定油棕不同组织中的基因，Ho 等（2007）构建油棕合子胚、悬浮细胞、茎尖分生组织、幼花、成熟花和根的 6 个 cDNA 文库，共获得 14 537 条 EST 序列，包括 6 464 条 contig 和 2 129 条 singletons（表 2-2）。同时，研究发现有 6 008 个预测的基因可以与蛋白质数据库匹配，其中 2 361 个基因可以在 GO 分析中找到分类，从其中找到了 *CONSTANS-like*、*AGL2*、*AGL20*、*LFY-like*、*SQUAMOSA*、*SBP* 等开花相关基因。

表 2-2　油棕 cDNA 文库构建样品

(Ho 等，2007)

| 文库 | 组织来源 | *cDNA 文库浓度<br>(pfu/mL) | 重组克隆比例<br>（%） |
|---|---|---|---|
| 根 | 3 个月幼苗根部 | $5.08 \times 10^9$ | 92.87 |

（续）

| 文库 | 组织来源 | * cDNA 文库浓度<br>（pfu/mL） | 重组克隆比例<br>（%） |
|---|---|---|---|
| 茎尖分生组织 | 6 个月幼苗茎尖分生组织 | $5.43\times10^9$ | 92.25 |
| 幼嫩花序 | 4～6 cm 长的雄花和雌花 | $6.4\times10^9$ | 90 |
| 成熟花序 | 26 cm 长的雌花 | $3.19\times10^9$ | 97 |
| 悬浮培养细胞 | 悬浮培养细胞 | $1.3\times10^{12}$ | 98 |
| 合子胚 | 合子胚 | $9.25\times10^{10}$ | 90 |

注：* pfu 指噬菌斑形成单位。

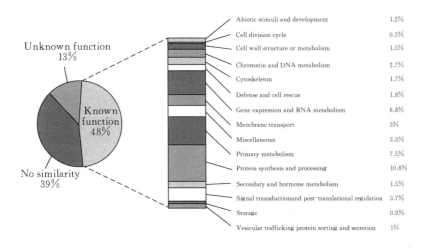

图 2-21　油棕 EST 的功能分类

在 48%的已知功能基因中，1.2%是非生物胁迫和发育相关的基因，0.5%是细胞分裂循环相关的基因，1.5%是细胞壁代谢相关基因，2.7%是染色质和 DNA 代谢相关基因，1.7%是细胞骨架相关基因，1.8%是防御和细胞自救相关基因，6.8%是基因表达和 RNA 代谢相关基因，3%是膜转运相关基因，3.3%是其他生命过程相关基因，7.5%是初级代谢相关基因，10.8%是蛋白质合成和加工相关基因，1.5%是次级和激素代谢相关基因，3.7%是信号转导及翻译后调控相关基因，0.9%是储藏相关基因，1%是囊泡运输、蛋白质分选和分泌相关基因

（Lechauve 等，2005）

为鉴定油棕不同组织中的主要转录物，Chan 等（2010）选取 FELDA 公司组织培养不同阶段的非胚性愈伤、胚性愈伤和胚状体，以及 MPOB 种植的油棕叶片、种仁、中果皮、根和嫩叶，提取 RNA 后构建了 cDNA 文库，使用 ABI PRISM 377 测序仪进行测序，共鉴定出 553 个非冗余的 EST 序列，其中发现一些基因可能与油棕体细胞胚胎发生有关（表 2-3）。

**表 2-3 油棕胚状体文库的主要转录物**

（Chan 等，2010）

| 预测的基因 | 一致的 EST |
| --- | --- |
| 核糖体蛋白 L23 | 14 |
| 核糖体蛋白 S3 | 10 |
| 推测多聚蛋白 | 9 |
| 推测果胶甲酯酶 | 8 |
| 推测甲酰胺酶 | 7 |
| 未知蛋白 | 7 |
| 推测 RNA 结合蛋白 RNP1 前体 | 6 |
| MYB 转录因子 | 6 |
| 类伸展蛋白 | 6 |
| 未知蛋白 | 6 |
| 丙酮酸脱氢酶激酶 PDK1 | 6 |

# 八、其他

利用公共数据库挖掘序列信息，是开发分子标记的重要途径。Riju 等（2007）选取 dbEST 数据库的油棕中果皮、变异茎顶端、正常茎顶端、雌花序、雄花序、未成熟合子胚、部分 lambda 载体序列，共挖掘到 5 452 条油棕 EST 序列，并以此开发了 1 180 个 SNP 和 137 个 Indel 标记。

为鉴定油棕果实成熟过程中的蛋白组变化，了解影响产油量的因子，Loei 等（2013）利用 iTRAQ 技术对油棕授粉后 12 周、16 周、18 周和 22 周的中果皮进行蛋白质组分析，发现淀粉和蔗糖代谢、糖酵解、磷酸戊糖、脂肪酸合成和氧化磷酸化等途径中差异表达的蛋白显著富集（图2-22）。高含油量和低含油量油棕果实蛋白质组比较分析，发现在三羧酸循环和氧化磷酸化途径中存在差异蛋白（图2-23）。

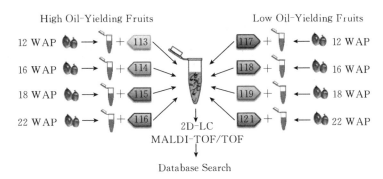

图 2-22　油棕 iTRAQ 实验设计

(Loei 等，2013)

为了解油棕根和叶片部位蛋白质水平的变化，Hasliza 等（2014）开发了油棕根和叶片的蛋白质提取方法，通过比较三氯乙酸/丙酮、酚/醋酸铵和氯仿/丙酮三种提取方法，总蛋白质产量和2-D双向电泳结果表明三氯乙酸/丙酮提取是最有效的方法（图2-24）。

为了解油棕叶片生长发育过程中代谢物变化，Tahir 等（2013）使用质谱鉴定出油棕枪叶中羧酸、茶多酚、酚酸糖苷和二苯乙烯类化合物等13种代谢产物，为油棕代谢组学的研究奠定了技术基础（图2-25）。

茎基腐病是生产上影响油棕产量的主要病害，为鉴定出油棕根部响应茎基腐病的差异蛋白质，解析其抗病机理，Syahanim 等（2013）使用2-D电泳进行蛋白质组分析，鉴定茎基腐病感染油棕根部的差异蛋白质（表2-4）。最终在感染后3 d的油棕根部找到7个差异表达蛋白，第7天差异蛋白为25个。其中葡聚糖酶是一种抵抗真菌感染的蛋白质，可能在油棕响应茎基腐病方面发挥重要作用。

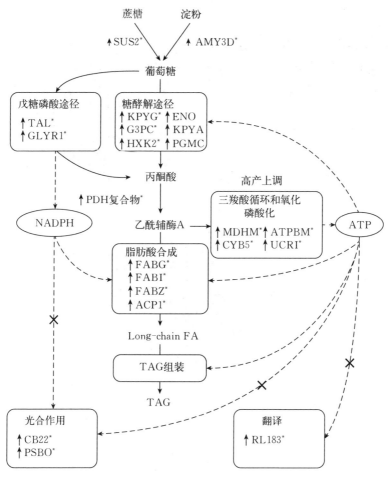

图 2-23 油棕中果皮蛋白质组变化情况

（Loei 等，2013）

　　为了解油棕茎基腐病抗病机理，Zain 等（2013）利用代谢组的方法分析对茎基腐病有抗性和无抗性的油棕单株根部的代谢物，同时结合液相质谱进行确认，最终成功鉴定出 9 个差异代谢物，包括糖和酚类衍生物。这些物质的鉴定为油棕茎基腐病的预测和预防提供了参考。

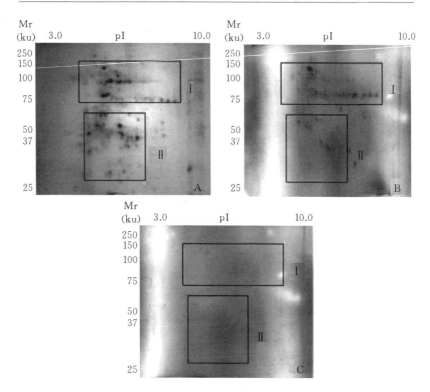

图 2 - 24　油棕根部三种蛋白质提取方法 2 - D 双向电泳结果比较

(Hasliza 等，2014)

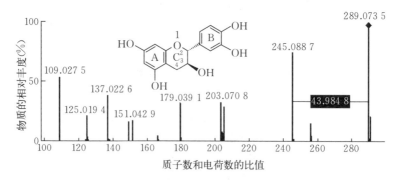

图 2 - 25　质谱鉴定出的茶多酚

(Tahir 等，2013)

### 表 2 - 4　油棕根感染茎基腐病后 7 d 的差异表达蛋白

(Syahanim 等，2013)

| 蛋白点 | 质量<br>（ku）/pI | MOWSE<br>分数 | 匹配的<br>多肽 | 蛋白质名字 | 物　　种 |
|---|---|---|---|---|---|
| E1 | 36. 2/9. 2 | 315 | 4 | $\beta - 1$，3 - 葡聚糖酶 | 油棕薄壳种 B3TLW8 |
| E2 | 36. 2/9. 2 | 135 | 5 | $\beta - 1$，3 - 葡聚糖酶 | 油棕薄壳种 B3TLW8 |
| E4 | 24. 3/6. 3 | 50 | 1 | 谷胱甘肽 S - 转移酶 | 拟南芥 D7 LHB8 |
| E11 | 17. 1/5. 8 | 47 | 1 | 早花蛋白 1 | 油棕薄壳种 B3TLX2 |
| E13 | 12. 8/5. 6 | 106 | 2 | 核苷二磷酸激酶 | 八角蕉 Q8RV01 |
| E14 | 3. 0/5. 5 | 76 | | 硫氧还蛋白 H2 | 菠菜 Q9S880 |
| E17 | 17. 1/5. 9 | 89 | 3 | 早花蛋白 1 | 油棕薄壳种 B3TLX2 |
| E18 | 17. 1/5. 9 | 154 | 3 | 早花蛋白 1 | 油棕薄壳种 B3TLX2 |
| E19 | 17. 1/5. 9 | 137 | 4 | 早花蛋白 1 | 油棕薄壳种 B3TLX2 |
| E20 | 17. 1/5. 9 | 104 | 4 | 早花蛋白 1 | 油棕薄壳种 B3TLX2 |
| E22 | 29. 5/5. 7 | 46 | 1 | 铁蛋白 | 毛白杨×美洲黑杨 |
| E25 | 16. 4/6. 5 | 252 | 2 | 核苷二磷酸激酶 | 中华山茶 F4YFB4 |

## 参 考 文 献

石鹏，夏薇，肖勇，等，2018. 油棕种壳厚度控制基因 *SHELL* 的 SNP 分子标记开发[J]. 广西植物，38（2）：195 - 201.

夏薇，肖勇，杨耀东，等，2014. 基于 NCBI 数据库的油棕 EST - SSR 标记的开发与应用[J]. 广东农业科学，41（2）：144 - 148.

周丽霞，吴翼，肖勇，2017. 基于 SSR 分子标记的油棕遗传多样性分析[J]. 南方农业学报，48（2）：216 - 221.

周丽霞，肖勇，杨耀东，2014. 油棕转录组 SSR 标记开发研究[J]. 广东农业科学，41（14）：136 - 138.

Ajambang W, Asmono D, Toruan N, 2012. Microsatellite markers reveal Cameroon's wild oil palm population as a possible solution to broaden the genetic base in the Indonesia - Malaysia oil palm breeding programs [J]. African

Journal of Biotechnology, 11 (69): 13244 - 13249.

Arias D, Ochoa I, Castro F, et al, 2014. Molecular characterization of oil palm *Elaeis guineensis* Jacq. Of different origins for their utilization in breeding programmes [J]. Plant Genetic Resources, 12 (3): 341 - 348.

Arolu I W, Rafii M Y, Marjuni M, et al, 2017. Breeding of high yielding and dwarf oil palm planting materials using Deli dura × Nigerian pisifera population [J]. Euphytica, 213 (7): 154.

Ascenso J C. 1966. Outlines of the oil palm breeding programme in Portuguese Guinea [J]. Euphytica, 15 (2): 268 - 277.

Babu B K, Mathur R K, Kumar P N, et al, 2017. Development, identification and validation of CAPS marker for *SHELL* trait which governs dura, pisifera and tenera fruit forms in oil palm (*Elaeis guineensis* Jacq. ) [J]. Plos ONE, 12 (2): e0171933.

Bai B, Le W, Lee M, et al, 2017. Genome - wide identification of markers for selecting higher oil content in oil palm [J]. BMC Plant Biology, 17 (1): 93.

Bakoumé C, Galdima M, Tengoua F F, 2010. Experimental modification of reciprocal recurrent selection in oil palm breeding in Cameroon [J]. Euphytica, 171 (2): 235 - 240.

Bakoumé C, Ngando Ebongue G, Ajambang W, et al, 2016. Oil palm breeding and seed production in Africa. Unpublished.

Bakoumé C, Wickneswari R, Siju S, et al, 2015. Genetic diversity of the world's largest oil palm (*Elaeis guineensis* Jacq. ) field genebank accessions using microsatellite markers [J]. Genetic Resources & Crop Evolution, 62 (3): 349 - 360.

Barcelos E, Amblard P, Berthaud J, et al, 2002. Genetic diversity and relationship in American and African oil palm as revealed by RFLP and AFLP molecular markers [J]. Pesquisa Agropecuária Brasileira, 37 (8): 1105 - 1114.

Barcelos E, Rios S A, Cunha R N, et al, 2015. Oil palm natural diversity and the potential for yield improvement [J]. Front Plant Sci, 6 (190): 190.

Billotte N, Jourjon M F, Marseillac N, et al, 2010. QTL detection by multi - parent linkage mapping in oil palm (*Elaeis guineensis* Jacq. ) [J]. Theoretical & Applied Genetics, 120 (8): 1673 - 1687.

Billotte N, Marseillac N, Risterucci A M, et al, 2005. Microsatellite - based high density linkage map in oil palm (*Elaeis guineensis* Jacq. ) [J]. Theoretical & Applied Genetics, 110 (4): 754 – 765.

Billotte N, Risterucci A M, Barcelos E, et al, 2001. Development, characterization, and across – taxa utility of oil palm (*Elaeis guineensis* Jacq. ) microsatellite markers [J]. Genome, 44 (3): 413 – 425.

Blaak G, 1969. Prospects of breeding for blast disease resistance in the oil palm (*Elaeis guineensis* Jacq. ) [J]. Euphytica, 18 (2): 153 – 156.

Borlay A J, Suharsono, Roberdi, et al, 2017. Development of single nucleotide polymorphisms (SNPs) marker for oleic acid content in oil palm (*Elaeis guineensis* Jacq. ) [J]. Pakistan Journal of Biotechnology, 14 (1): 55 – 62.

Chan, Ma P L, Low L S, et al, 2010. Normalized embryoid cDNA library of oil palm (*Elaeis guineensis*) [J]. Electronic Journal of Biotechnology, 13 (1): 14.

Chin C W, Junaidah J, Rafii M Y, et al, 2008. Performance and utilization of MPOB – Nigerian oil palm materials in FELDA [J]. Malaysian Palm Oil Board.

Chua K L, 2006. Construction of RFLP and AFLP Genetic Linkage Maps For Oil Palm (*Elaeis guineensis* Jacq. ) Using a Deli Dura × Yangambi Pisifera Cross [D]. University Putra Malaysia.

Claude B, Claude L, 2007. Breeding for oil yield and short oil palms in the second cycle of selection at La Dibamba (Cameroon) [J]. Euphytica, 156 (1 – 2): 195 – 202.

Cochard B, Adon B, Rekima S, et al, 2009. Geographic and genetic structure of African oil palm diversity suggests new approaches to breeding [J]. Tree Genetics & Genomes, 5 (3): 493 – 504.

Cochard B, Carrasco – Lacombe C, Pomiès V, et al, 2015. Pedigree – based linkage map in two genetic groups of oil palm [J]. Tree Genetics & Genomes, 11 (4): 68.

Cros D, Denis M, Bouvet J M, et al, 2015. Long – term genomic selection for heterosis without dominance in multiplicative traits: case study of bunch production in oil palm. [J]. BMC Genomics, 16 (1): 651.

Cros D, Denis M, Sánchez L, et al, 2015. Genomic selection prediction accuracy in a perennial crop: case study of oil palm (*Elaeis guineensis* Jacq. )

[J]. Theoretical&.Applied Genetics, 128 (3): 397 - 410.

Diana A, 2015. Genetic diversity and establishment of a core collection of oil palm (*Elaeis guineensis* Jacq. ) based on molecular data [J]. Plant Genetic Resources, 13 (3): 256 - 265.

Enoch S, Bright B P, Kwasi A F, Dan A D, 2015. Genetic variability of fresh fruit bunch yield (FFB) yield in some Dura×Pisifera breeding populations of oil palm (*Elaeis guineensis* Jacq. ) [J]. American - Eurasian J. Agric. And Environ. Sci, 15 (8): 1637 - 1640.

Fabienne B, Aruna K, Xia C, et al, 2011. Comparative transcriptome and metabolite analysis of oil palm and date palm mesocarp that differ dramatically in carbon partitioning [J]. Proceedings of the National Academy of Sciences of the United States of America, 108 (30): 12527 - 12532.

Galeano C H, 2005. Standardising Amplified Fragment - Length Polymorphisms (AFLP) for Dura oil palm (*Elaeis guineensis* Jacq. ) and preliminary molecular characterization studies [J]. Agronomia Colombiana, 23 (1): 42 - 49.

Gan S T, 2014. The development and application of molecular markers for linkage mapping and quantitative trait loci analysis of important agronomic traits in oil palm (*Elaeis guineensis* Jacq. ) [J]. University of Nottingham.

Ghesquière M, 1984. Enzyme polymorphism in oil palm ( *Elaeis guineensis* Jacq. ) . 1. Genetic control of nine enzyme systems [J]. Oléagineux, 561 - 574.

Ghislain N E N, Désiré A, Benjamin A, et al, 2014. Assessment of Nigerian wild oil palm (*Elaeis guineensis* Jacq. ) populations in crosses with Deli testers [J]. Journal of Plant Breeding &. Genetics, 2 (2): 77 - 86.

Hasliza H, Lau B Y C, Ramli US, 2014. Extraction methods for analysis of oil palm leaf and root proteins by two - dimensional gel electrophoresis [J]. Journal of Oil Palm Research, 26 (1): 54 - 61.

Ho C L, Kwan Y Y, Choi M C, et al, 2007. Analysis and functional annotation of expressed sequence tags (ESTs) from multiple tissues of oil palm (*Elaeis guineensis* Jacq. ) . [J]. BMC Genomics, 8 (1): 381.

Hoyle D, Levang P, 2012. Oil palm development in Cameroon [J]. WWF Cameroon.

I C K, Ong A L, Kwong Q B, et al, 2016. Genome - wide association study identifies three key loci for high mesocarp oil content in perennial crop oil palm

[J]. Scientific Reports，6：19075.

Ihase L O，Horn R，Anoliefo G O，et al，2015. Assessment of an oil palm population from Nigerian institute for oil Palm Research（NIFOR）for simple sequence repeat（SSR）marker application. [J]. African Journal of Biotechnology，13（13）：1529－1540.

Jack P L，Dimitrijevic T A F，Mayes S，1995. Assessment of nuclear，mitochondrial and chloroplast RFLP markers in oil palm（*Elaeis guineensis* Jacq.）[J]. Theoretical & Applied Genetics，90（5）：643－649.

Jeennor S，Volkaert H，2014. Mapping of quantitative trait loci（QTLs）for oil yield using SSRs and gene－based markers in African oil palm（*Elaeis guineensis*，Jacq.）[J]. Tree Genetics & Genomes，10（1）：1－14.

Kamaruddin K，Ithnin M，Li L O C，et al，2013. Construction of SNP－and SSR－based genetic linkage map in the oil palm backcross two（BC$_2$）mapping population [C] //MPOB International Palm Oil Conference.

Kularatne R S，Shah F H，Rajanaidu N，2001. The evaluation of genetic diversity of Deli dura and African oil palm germplasm collection by AFLP technique. [J]. Tropical Agricultural Research，13：1－12.

Kularatne R S，Shah F，Rajanaidu N，2000. Estimation of genetic diversity in some African germplasm collection of oil palm（*Elaeis guineensis* Jacq）as detected by AFLP markers [J]. Asia－Pacific Journal of Molecular Biology and Biotechnology，8（1）：27－36.

Kwong Q B，Ong A L，I C K，et al，2017. Genomic Selection in Commercial Perennial Crops：Applicability and Improvement in Oil Palm（*Elaeis guineensis* Jacq.）[J]. Scientific Reports，7（1）：2872.

Lechauve F，2005. Analysis of expressed sequence tags from oil palm（*Elaeis guineensis*）[J]. FEBS Letters，579（12）：2709－2714.

Lee M，Xia J H，Zou Z，et al，2015. A consensus linkage map of oil palm and a major QTL for stem height [J]. Scientific Reports，5（5）：8232.

Lim C C，Teo K W，Rao V，et al，2003. Performances of some pisiferas of Binga，Ekona，URT and Angolan origins：Part 1－Breeding background and fruit bunch traits [J]. Journal of Oil Palm Research，15（1）：21－31.

Loei H，Lim J，Tan M，et al，2013. Proteomic analysis of the oil palm fruit mesocarp reveals elevated oxidative phosphorylation activity is critical for increased storage oil production [J]. Journal of Proteome Research, 12 (11): 5096 - 5109.

Low E T, Rosli R, Jayanthi N, et al, 2014. Analyses of hypomethylated oil palm gene space [J]. PLoS ONE, 9 (1): e86728.

Maizura I, Rajanaidu N, Zakri A H, et al, 2006. Assessment of genetic diversity in oil palm (*Elaeis guineensis* Jacq. ) using restriction fragment length polymorphism (RFLP) [J]. Genetic Resources & Crop Evolution, 53 (1): 187 - 195.

Matthes M, Singh R, Cheah S C, et al, 2001. Variation in oil palm (*Elaeis guineensis* Jacq. ) tissue culture - derived regenerants revealed by AFLPs with methylation - sensitive enzymes [J]. Theoretical & Applied Genetics, 102 (6 - 7): 971 - 979.

Mayes S, Hafeez F, Price Z, et al, 2008. Molecular Research in Oil Palm, the Key Oil Crop for the Future [M] //Genomics of Tropical Crop Plants. Springer New York, 371 - 404.

Mayes S, Jack P L, Marshall D F, et al, 1997. Construction of a RFLP genetic linkage map for oil palm (*Elaeis guineensis* Jacq. ) [J]. Genome, 40 (1): 116 - 122.

Montoya C, Cochard B, Flori A, et al, 2014. Genetic architecture of palm oil fatty acid composition in cultivated oil palm (*Elaeis guineensis* Jacq. ) compared to its wild relative *E. oleifera* (H. B. K) Cortés [J]. PloS ONE, 9 (5): e95412.

Montoya C, Lopes R, Flori A, et al, 2013. Quantitative trait loci (QTLs) analysis of palm oil fatty acid composition in an interspecific pseudo - backcross from *Elaeis oleifera* (H. B. K. ) Cortés and oil palm (*Elaeis guineensis* Jacq. ) [J]. Tree Genetics & Genomes, 9 (5): 1207 - 1225.

Morcillo F, Cros D, Billotte N, et al, 2013. Improving palm oil quality through identification and mapping of the lipase gene causing oil deterioration [J]. Nature Communications, 4: 2160 - 2160.

Moretzsohn M C, Nunes C D M, Ferreira M E, et al, 2000. RAPD linkage mapping of the shell thickness locus in oil palm (*Elaeis guineensis* Jacq. ) [J]. Theoretical & Applied Genetics, 100 (1): 63 - 70.

Moretzsohn M C, Nunes C D M, Ferreira M E, et al, 2000. RAPD linkage mapping of the shell thickness locus in oil palm (*Elaeis guineensis* Jacq. ) [J]. Theoretical & Applied Genetics, 100 (1): 63 - 70.

Mudge A M, Hamdani A D, Pilotti C A, et al, 2016. Microsatellite analysis of oil palms and their progenies bred in Papua New Guinea [J]. Tropical Plant Biology, 9 (4): 280 - 289.

Murphy D J, 2014. The future of oil palm as a major global crop: Opportunities and challenges [J]. Journal of Oil Palm Research, 26 (1): 1 - 24.

Murugesan P, Gopakumar S, 2010. Variation in phenotypic characteristics of ASD Costa Rica hybrids of oil palm in India. [J]. Indian Journal of Horticulture, 67 (2): 152 - 155.

Mustaffa S, Ithnin M, Cheng L, et al, 2013. Population structure of African oil palm using single nucleotide polymorphisms (SNP) markers//Plant Genetics& Breeding Technologies [C].

Ngootchin T, Zaki N M, Rosli R, et al, 2010. SSR mining in oil palm EST database: application in oil palm germplasm diversity studies [J]. Journal of Genetics, 89 (2): 135 - 145.

Nkongho R N, Feintrenie L, Levang P, 2014. Strengths and weaknesses of the smallholder oil palm sector in Cameroon [J]. OCL, 21 (2): D208.

Noh A, Rajanaidu N, Kushairi A, et al, 2002. Variability in fatty acids composition, iodine value and carotene content in the MPOB oil palm germplasm collection from Angola [J]. Journal of Oil Palm Research, 14 (2): 18 - 23.

Nordiana H M N, Ngootchin T, Singh R, et al, 2014. Evaluation of inter - simple sequence repeat (ISSR) markers for genetic mapping of an oil palm interspecific hybrid mapping population [J]. Journal of Oil Palm Research, 26 (3): 214 - 225.

Nusaibah S A, Rajinder S, Idris A S, 2010. Somatic incompatibility and AFLP analysis of four species of ganoderma isolated from oil palm [J]. Journal of Oil Palm Research, 22 (August): 814 - 821.

Obasola C O, Ramanujam S, Iyer R D, 1974. Oil palm breeding with particular reference to breeding for short stemmed palms in Nigeria [C] //Breeding Researches in Asia and Oceania Proceedings of the Second General Congress of the Society for the Advancement of Breeding Researches in Asia and Oceania. Session II. Breeding of Plantation Crops, 110 - 125.

Okoye M N, Bakoumé C, Uguru M I, et al, 2016. Genetic relationships between elite oil palms from Nigeria and selected breeding and germplasm materials from Malaysia via Simple Sequence Repeat (SSR) markers [J]. Journal of Agricultural Science, 8 (2): 159.

Okoye M N, Uguru M I, Bakoumé C, et al, 2016. Assessment of genetic diversity of NIFOR oil palm main breeding parent genotypes using microsatellite markers [J]. American Journal of Plant Sciences, 7 (1): 218 - 237.

Omer E, Guan S, 2014. Using Monomorphic Microsatellite Markers in Oil Palm (*Elaeis guineensis* Jacq. ) [J]. Research & Reviews Journal of Botanicalences, 3 (4): 1 - 6.

Ong P W, Maizura I, Abdullah N A, et al, 2015. Development of SNP markers and their application for genetic diversity analysis in the oil palm (*Elaeis guineensis*) [J]. Genetics & Molecular Research, 14 (4): 12205.

Ong A M, Ordway J M, Jiang N, et al, 2015. Loss of Karma transposon methylation underlies the mantled somaclonal variant of oil palm [J]. Nature, 525 (7570): 533 - 537.

Ooi C L, Rahman R A, Low L E T, et al, 2012. A 1536 - plex oil palm SNP set for genetic mapping and identification of markers associated with oil palm fruit colour [C] //International Plant and Animal Genome Conference.

Opute F I, Obasola C O, 1979. Breeding for short - stemmed oil palm in Nigeria: fatty acids, their significance and characteristics [J]. Annals of Botany, 43 (6): 677 - 681.

Pattarapimol T, Thuzar M, Vanavichit A, et al, 2015. Identification of genes involved in somatic embryogenesis development in oil palm (*Elaeis guineensis* Jacq. ) using cDNA AFLP [J]. Journal of Oil Palm Research, 27 (1): 1 - 11.

Pootakham W, Jomchai N, Ruangareerate P, et al, 2015. Genome - wide SNP discovery and identification of QTL associated with agronomic traits in oil palm using genotyping - by - sequencing (GBS) [J]. Genomics, 105 (5 - 6): 288.

Premkrishnan B V, Arunachalam V, 2014. In silico RAPD priming sites in expressed sequences and iSCAR markers for oil palm [J]. Comparative & Functional Genomics, 2012 (1): 913709.

Purba A R, Noyer J L, Baudouin L, et al, 2000. A new aspect of genetic diversity of Indonesian oil palm (*Elaeis guineensis* Jacq.) revealed by isoenzyme and AFLP markers and its consequences for breeding [J]. Theoretical & Applied Genetics, 101 (5 - 6): 956 - 961.

Purba A R, Baudouin L, Perrier X, et al, 2000. A new aspect of genetic diversity of Indonesian oil palm (*Elaeis guineensis* Jacq.) revealed by isoenzyme and AFLP markers and its consequences for breeding [J]. Theoretical and Applied Genetics, 101 (5/6): 956 - 961.

Rance K A, Mayes S, Price Z, et al, 2001. Quantitative trait loci for yield components in oil palm (*Elaeis guineensis* Jacq.) [J]. Theoretical & Applied Genetics, 103 (8): 1302 - 1310.

Riju A, Chandrasekar A, Arunachalam V, 2007. Mining for single nucleotide polymorphisms and insertions/deletions in expressed sequence tag libraries of oil palm [J]. Bioinformation, 2 (4): 128 - 131.

Ritter E, Armentia E L D, Erika P, et al, 2016. Development of a molecular marker system to distinguish shell thickness in oil palm genotypes [J]. Euphytica, 207 (2): 1 - 10.

Rival A, Bertrand L, Beule T, et al, 2010. Suitability of RAPD analysis for the detection of somaclonal variants in oil palm (*Elaeis guineensis* Jacq.) [J]. Plant Breeding, 117 (1): 73 - 76.

Sapey E, Aduseifosu K, Agyeidwarko D, et al, 2012. Collection of oil palm (*Elaeis guineensis* Jacq.) germplasm in the northern regions of Ghana [J]. Asian Journal of Agricultural Sciences, 4 (5): 325 - 328.

Seng T Y, Ritter E, Saad S H M, et al, 2016. QTLs for oil yield components in an elite oil palm (*Elaeis guineensis*) cross [J]. Euphytica, 212 (3): 399 - 425.

Seng T Y, Zaman F Q, Chailing H, et al, 2007. Flanking AFLP markers for the Virescens trait in oil palm [J]. Journal of Oil Palm Research, 19 (4): 381 - 392.

Seng T Y, Mohamed Saad S H, Chin C W, et al, 2011. Genetic linkage map of a high yielding FELDA deli×yangambi oil palm cross [J]. PloS ONE, 6 (11): e26593.

Shah F H, Rashid O, Simons A J, et al, 1994. The utility of RAPD markers

for the determination of genetic variation in oil palm (*Elaeis guineensis*) [J].
Theoretical and Applied Genetics, 89 (6): 713 - 718.

Singh R, Panandam J, Rahman R A, et al, 2008. Identification of cDNA -
RFLP markers and their use for molecular mapping in oil palm (*Elaeis
guineensis*) [J]. Asia - Pacific Journal of Molecular Biology and Biotechnolo-
gy, 16 (3): 53 - 56.

Singh R, Zaki N M, Ngootchin T, et al, 2008. Exploiting an oil palm EST
database for the development of gene - derived SSR markers and their exploi-
tation for assessment of genetic diversity [J]. Biologia, 63 (2): 227 - 235.

Singh R, Tan S G, Panandam J M, et al, 2009. Mapping quantitative trait loci
(QTLs) for fatty acid composition in an interspecific cross of oil palm [J].
BMC Plant Biology, 9 (1): 114.

Singh R, Ongabdullah M, Low E T L, et al, 2013a. Oil palm genome se-
quence reveals divergence of interfertile species in old and new worlds [J]. Na-
ture, 500 (7462): 335.

Singh R, Low E T, Ooi C L, et al, 2013b. The oil palm *SHELL* gene con-
trols oil yield and encodes a homologue of SEEDSTICK [J]. Nature, 500
(7462): 340.

Singh R, Low E T, Ooi L C, et al, 2014. The oil palm VIRESCENS gene
controls fruit colour and encodes a R2R3 - MYB [J]. Nature Communications,
5: 4106.

Singh R, Abdullah M O, Teslie L E T, et al, 2015. SureSawitTM *SHELL* -
a diagnostic assay to predict fruit forms of oil palm [J]. Oil Palm Bulletin,
70: 13  16.

Stéphane D, Chloé G, Mariette A, et al, 2013. Comparative transcriptome a-
nalysis of three oil palm fruit and seed tissues that differ in oil content and fat-
ty acid composition [J]. Plant Physiology, 162 (3): 1337 - 1358.

Syahanim S, Abrizah O, Mohamad Arif A M, et al, 2013. Identification of
differentially expressed proteins in oil palm seedlings artificially infected with
Ganoder: a proteomics approach [J]. Journal of Oil Palm Research, 25 (3):
298 - 304.

Taeprayoon P, Tanya P, Kang Y J, et al, 2015. Genome - wide SSR marker
development in oil palm by Illumina HiSeq for parental selection [J]. Plant

Genetic Resources，1 - 4.

Taeprayoon P，Tanya P，Sukha L，et al，2015. Genetic background of three commercial oil palm breeding populations in Thailand revealed by SSR markers [J]. Australian Journal of Crop Science，9（4）：281 - 288.

Tahir N I，Shaari K，Abas F，et al，2013. Identification of oil palm（*Elaeis guineensis*）spear leaf metabolites using mass spectrometry and neutral loss analysis [J]. Journal of Oil Palm Research，25（1）：72 - 83.

Thawaro S，Te - Chato S，2008. RAPD（random amplified polymorphic DNA）marker as a tool for hybrid oil palm verification from half mature zygotic embryo culture [J]. Journal of agricultural technology，4（2）：165 - 176.

Thawaro S，Techato S，2010. Verification of legitimate tenera oil palm hybrids using SSR and propagation of hybrids by somatic embryogenesis [J]. Songklanakarin Journal of Science & Technology，32（1）：1 - 8.

Ting N C，Jansen J，Mayes S，et al，2014. High density SNP and SSR - based genetic maps of two independent oil palm hybrids [J]. BMC Genomics，15（1）：309.

Ting N C，Jansen J，Nagappan J，et al，2013. Identification of QTLs associated with callogenesis and embryogenesis in oil palm using genetic linkage maps improved with SSR markers [J]. PloS ONE，8（1）：e53076.

Ting N C，Yaakub Z，Kamaruddin K，et al，2016. Fine - mapping and cross - validation of QTLs linked to fatty acid composition in multiple independent interspecific crosses of oil palm [J]. BMC Genomics，17（1）：289.

Tisné S，Denis M，Cros D，et al，2015. Mixed model approach for IBD - based QTL mapping in a complex oil palm pedigree [J]. BMC Genomics，16（1）：798.

Ukoskit K，Chanroj V，Bhusudsawang G，et al，2014. Oil palm（*Elaeis guineensis* Jacq.）linkage map，and quantitative trait locus analysis for sex ratio and related traits [J]. Molecular Breeding，33（2）：415 - 424.

Wong C K，Bernardo R，2008. Genomewide selection in oil palm：increasing selection gain per unit time and cost with small populations [J]. Theoretical & Applied Genetics，116（6）：815 - 824.

Wongwei C，Teochin J，Wongchoo K，et al，2015. Development of an effective SSR - based fingerprinting system for commercial planting materials and breeding applications in oil palm [J]. Journal of Oil Palm Research, 27 (2): 113 - 127.

Zain N, Seman I A, Kushairi A, et al, 2013. Metabolite profiling of oil palm towards understanding basal stem rot (BSR) disease [J]. Journal of Oil Palm Research, 25 (1): 58 - 71.

Zakaria L, Kulaveraasingham H, Abdullah F, et al, 2005. Random amplified polymorphic DNA (RAPD) and random amplified microsatellite (RAMS) of Ganoderma from infected oil palm and coconut stumps in Malaysia [J]. Asia - Pacific Journal of Molecular Biology and Biotechnology, 13 (1): 23 - 34.

Zaki N M, Singh R, Rosli R, et al, 2012. *Elaeis oleifera* genomic - SSR markers: exploitation in oil palm germplasm diversity and cross - amplification in Arecaceae [J]. International Journal of Molecular Sciences, 13 (4): 4069 - 4088.

Zulkifli Y, Maizura I, Rajinder S, 2012. Evaluation of MPOB oil palm germplasm (*Elaeis guineensis*) populations using EST - SSR [J]. Journal of Oil Palm Research, 24: 1368 - 1377.

Zulkifli Y, Rajinder S, Din A M, et al, 2014. Inheritance of SSR and SNP loci in an oil palm interspecific hybrid backcross (BC$_2$) population. [J]. Journal of Oil Palm Research, 26 (3): 203 - 213.

# 第三章  油棕产量分子育种

## 第一节  种壳厚度

油棕产量受果实种壳厚度影响较大，厚壳种因种壳厚，种壳占果实的比例高，导致果实含油量低。无壳种因雌花不育，产量低，一般作为杂交育种的父本。目前商业品种大多是薄壳种，由厚壳种与无壳种杂交获得（彩图7）。多年来，育种学家通过开发与 *SHELL* 位点连锁的 RFLP、AFLP、SSR 和 SNP 等分子标记，希望直接利用分子标记早期鉴定油棕种质资源和杂交子代基因型。油棕种壳厚度相关分子标记的开发将加快薄壳油棕品种选育速度，节省选育的时间和成本。

早期主要通过构建连锁图谱，筛选与 *SHELL* 位点连锁的分子标记，但收效甚微。Mayes 等（1997）利用 RFLP 标记构建遗传图谱，分离群体包括 98 个单株，共产生 103 个位点，其中有 97 个标记分布在 24 个连锁群上，连锁图全长 860 cM。连锁图具有较好的基因组覆盖度和较少的标记偏分离。作图群体是由重要育种材料 A137/30 自交产生，能够产生种壳厚度（Sh）性状的分离。距离 Sh 位点最近的是 9.8 cM 处的 pOPgSP1282，在更小的群体（A137/30×E80/29）中可以进一步缩小到 6.6 cM。另外探索了把 RFLP 标记转化为可以进行 PCR 标记的试验，发现有两个 RFLP 标记可以转化成具有多态性的标记。Billotte 等（2005）在薄壳种 LM2T 和厚壳种 DA10D 杂交群体中利用 SSR、AFLP 和 Sh 位点构建连锁图谱，图谱全长 1 743 cM，包含 16 个连锁群，连锁图谱上有 255 个 SSR 标记、688 个 AFLP 标记和 Sh 基因位点，其中 1 个 AFLP 标记 E-Agg/M-CAA132 定位在 Sh 位点 4.7 cM 处。同时，在两个薄壳种杂交子代（208 个）中利用 210 个 SSR、28 个 EST－SSR、185 个 AFLP 和 Sh 位点标记构建连锁图谱，最终将 SHELL 位点定位在两个 SSR 标记 4XGSSRI261 和 2XGSSRI371 之间，分别相距 1.2 cM 和 4.4 cM。Ukoskit 等（2014）在薄壳与无壳油棕杂交群体中利用 RAPD 标记构建连锁图谱，发现两个 RAPD 标记（R11－1282 和 T19－1046）在连锁群 4 上与 Sh 位点连锁。前期的研究虽然筛选到一些与 Sh 位点连锁的分子标记将与 SHELL 基因连锁的标记定位到 4.7～9.8 cM 之间，然而由于油棕基因组较大、生长周期长以及不同群体表型鉴定困难等问题，一直没有克隆到该基因。

随着 2013 年油棕基因组序列公布，Singh 等（2013）对来自尼日利亚薄壳种 T128 的包含 240 个单株的自交 $F_1$ 群体进行果实类型鉴定；另外，利用 200 个 RFLP 和 SSR 标记，以及 Illumina 的 Infinium iSelect 芯片的 4 451 个 SNP 标记对群体进行基因型鉴定；最终成功构建包含 16 个连锁群的遗传图谱，SHELL 基因位点定位在 T128 连锁群 7 上。进一步采用 SNP 芯片检测，通过重组断点判断基因位于 450 kb 区间内；接着使用 AVROS 群体进行纯合子定位和全基因组重测序，14 株无壳种油棕进行 20×覆盖度测序，另外 29 株无壳油棕进行 40×覆盖度测序，鉴定 SNP 位点，对 scaffold43 进行纯合子分析，结果表明位点位于 200 kb 区间内。200 kb 区间包含 30 个注释的基因，其中有 5 个是纯合的，但只有 1 个位于包含 SHELL 的遗传区间内（彩图 8）。这个基因是 STK 的同源基因，STK 在拟南芥中负责胚珠和种子发育。对厚壳种、无壳种和薄壳种油棕的 SHELL 基因进行 PCR 产物测序，发现有两个位点发生单碱基替换，在蛋白质序列表现为亮氨酸（L）转变为脯氨酸（P），赖氨酸（K）转变为天冬酰胺（N）（图 3－1）。原位杂交结果表明，SHELL 基因可以在油棕内果皮中表达。MPOB 成功克隆了控制油棕产油量的 SHELL 基因，并验证其基因功能（图 3－2）。更重要的是找到 SHELL 等位基因的 SNP 变异位点，为高产油量油棕分子标记辅助选择提供依据。在 AVROS 群体中利用 Illumina 的 Hiseq2000 测序平台进行全基因组重测序，使用纯合子作图法在油棕中找到了与拟南芥 MADS - box 基因 *STK* 同源的基因的两个突变位点。这两个 SNP 位点为开发鉴定厚薄壳油棕资源奠定了基础。

Out Groups：

| | | 1 . . : 58 |
|---|---|---|
| A.thaliana | (AGL11/STK) | GRGKIEIKRIENSTNRQVTFCKRRNGLLKKAYELSVLCDAEVALIVFSTRGRLYEYAN |
| A.thaliana | (AGL1/SHP1) | ..............T..................................VI....... |
| O.sative | (OsMADS13) | .......R.........S................S...........S..... |
| Poplar | (MEF2-like) | ..............T...............S....S............. |
| Grape | (MADS5) | ..............T..................S....V....S. |
| Tomato | (TAGL1) | ..............T..................S....S........ |
| Peach | (SHP-like) | ..............T.............................. |

Oil Palm-Dura Allele：

| | | |
|---|---|---|
| E.oleifera | (0.211/2460) | ..........T.S..................S........ |
| E.guineensis | (0.212/70) | ..........T.S..................S........ |
| Nigeria | (FK7/005-T128) | ..........T.S..................S........ |
| Nigeria | (GGN23-other) | ..........T.S..................S........ |
| Congo | (0.212/70) | ..........T.S..................S........ |
| Angola | (0.311/368) | ..........T.S..................S........ |
| Madagascar | (0.240/01) | ..........T.S..................S........ |
| Tanzania | (0.256/235) | ..........T.S..................S........ |

Oil Palm-Pisifera Allele：

| | | |
|---|---|---|
| Nigeria | (UP0323-T128) | ..........T.S......P..........S........ |
| Nigeria | (GGN37-other) | ..........T.S......P..........S........ |
| Angola | (0.311/460) | ..........T.S......P..........S........ |
| Angola | (0.311/191) | ..........T.S......N..........S........ |
| Congo | (0.182/77) | ..........T.S......N..........S........ |
| Madagascar | (0.240/34) | ..........T.S......N..........S........ |
| Tanzania | (0.256/238) | ..........T.S......N..........S........ |

图 3 - 1　*SHELL* 基因第一个外显子的两个 SNP 突变位点

　　无壳种果实类型由两个 SNP 突变造成，它们引起了 *MADS - box* 基因高度保守的 DNA 结合域氨基酸发生变化，第一个位点由亮氨酸（L）变为脯氨酸（P），第二个位点由赖氨酸（K）变为天冬氨酸（N）。

　　MPOB 根据 *SHELL* 基因序列特征开发了 SURE SAWIT SHELL 试剂盒，可以用于油棕资源种壳类型的早期鉴定。另外，Babu 等（2017）开发并验证了能鉴定油棕厚壳种、无壳种和薄壳种果实类型的 CAPS 标记（图 3 - 3），对 *SHELL* 等位基因测序发现存在两个 SNP 位点，其中 SNP2 与果实类型有关。厚壳种基因型中核苷酸是 A，无壳种中则是 T。同时，结合表型定位了 8 个产量性状相关的 7 个 QTL 位点。

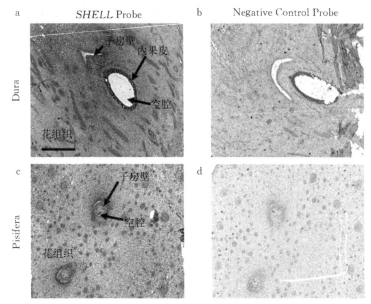

图 3-2　*SHELL* 在油棕果实早期发育时期的表达

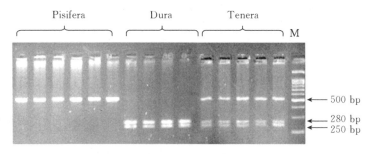

图 3-3　可以鉴别油棕厚壳、薄壳和无壳种的 CAPS 标记

　　Ritter 等（2016）研究开发由 3 对引物和 2 个限制性酶构成的分子标记系统，并在 207 个厚壳种、50 个无壳种和 242 个薄壳种油棕中进行了验证，该标记系统能很好地区分不同果实类型油棕基因型（图 3-4）。

　　根据油棕基因组数据和 *SHELL* 基因序列，石鹏等（2018）通过

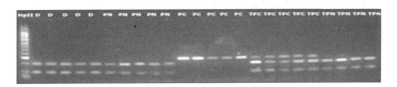

图3-4 基于酶切的分子标记鉴定油棕不同果实类型

分析油棕种壳厚度控制基因 *SHELL* 的变异位点，开发出一对 SNP 标记，可以区分厚壳种和薄壳种，为油棕种质资源早期鉴定奠定基础（图3-5）。随后对检测样品的果实种壳厚度进行田间调查，与分子标记结果比较后发现，分子标记鉴定结果与田间鉴定结果一致（图3-6，表3-1），说明该分子标记可以有效鉴定油棕果实的种壳厚度类型。

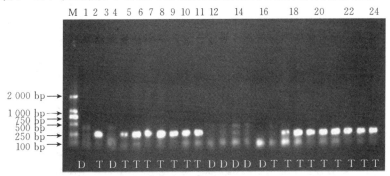

图3-5 依据 *SHELL* 基因序列开发的 SNP 标记检测结果

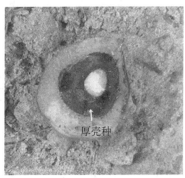

图3-6 油棕薄壳种和厚壳种果实横切图

表 3-1　厚薄壳的实验结果与调查结果比对记录

| 编号 | 调查薄厚 | SNP 标记 |
| --- | --- | --- |
| 1 | 厚壳 | 无亮带 |
| 2 | 薄壳 | 有亮带 |
| 3 | 厚壳 | 无亮带 |
| 4 | 薄壳 | 有亮带 |
| 5 | 薄壳 | 有亮带 |
| 6 | 薄壳 | 有亮带 |
| 7 | 薄壳 | 有亮带 |
| 8 | 薄壳 | 有亮带 |
| 9 | 薄壳 | 有亮带 |
| 10 | 薄壳 | 有亮带 |
| 11 | 厚壳 | 无亮带 |
| 12 | 厚壳 | 无亮带 |
| 13 | 厚壳 | 无亮带 |
| 14 | 厚壳 | 无亮带 |
| 15 | 厚壳 | 无亮带 |
| 16 | 厚壳 | 无亮带 |
| 17 | 薄壳 | 有亮带 |
| 18 | 薄壳 | 有亮带 |
| 19 | 薄壳 | 有亮带 |
| 20 | 薄壳 | 有亮带 |
| 21 | 薄壳 | 有亮带 |
| 22 | 薄壳 | 有亮带 |
| 23 | 薄壳 | 有亮带 |
| 24 | 薄壳 | 有亮带 |

# 第二节　其他产量性状

产量性状一般是数量性状，受多基因控制。在油棕上主要通过
QTL 定位和关联分析寻找控制产量性状的基因，目前初步找到一些位

点，但这些位点还有待进一步精细定位和功能验证。除了种壳厚度以外，油棕产量性状主要包括单株产油量、单株果穗数、单株果穗产量、平均果穗含油量、平均果穗重量、平均果实重量、果实大小、中果皮占果实比例、种仁占果实比例、中果皮含油量和种仁含油量等。

QTL 定位是常用的方法，一般步骤是构建遗传连锁图，群体表型鉴定，QTL 定位分析。果穗产量和含油量是重要的产量性状，早期 QTL 定位主要使用 RFLP 标记。Rance 等（2001）利用 153 个RFLP标记，在包含 84 个单株的 F₂ 群体中构建出 22 个连锁群，结合表型数据进行了 QTL 定位。QTL 定位分析发现果实重量、叶柄夹角、花柄长度、种壳占果实比例、中果皮占果实比例和种仁占果实比例定位到具有显著水平的 QTL 位点，表型解释率为 8.2%～44.0%。SSR 和 SNP 标记随后开始得到广泛应用，Jeennor 和 Volkaert（2014）利用 97 个 SSR 标记、93 个基因相关标记和 12 个 SNP 标记在作图群体中检测基因型作图，最终构建 31 个连锁群。使用单标记连锁、区间作图和多 QTL 定位方法，在 7 个连锁群上定位到影响鲜果穗产量、果实含油量、果穗含油量、果穗果实比例和果实中果皮比例等重要产量性状的 QTL，解释表型变异达到 12.4%～54.5%。基于测序技术的 DarT 标记也在油棕中得到应用，Gan（2014）在薄壳种油棕自交 F₂ 群体中利用 DarTSeq 平台检测基因型，产生了 11 675 个 DarTSeq 多态性标记。两个连锁图分别全长 1 874.8 cM 和 1 720.6 cM，都有 16 个连锁群。在 Sh 位点侧翼 5 cM 位置找到 32 个 SNP 和 DarT 标记，其中有 23 个 DarTSeq 标记位于 *SHELL* 基因所处的 p5_sc00060 scaffold 之内。研究使用混合线性模型扫描 QTL，定位到 18 个控制鲜果穗产量、每株果穗数和平均果穗重量等重要性状的 QTL 位点。Ukoskit 等（2014）在 208 个两个薄壳种杂交子代中利用 210 个 SSR、28 个 EST - SSR、185 个 AFLP 和 Sh 位点标记构建连锁图谱，并对控制鲜果穗产量的 QTL 进行了定位。在连锁群 7、10 和 15 上共定位到影响鲜果穗产量的 3 个 QTL，解释表型变异的 8.7%～13.1%（表 3 - 2）。

### 表 3 - 2 油棕鲜果穗产量 QTL 定位结果

| 性状 | 连锁群 | 最近的标记 | 位置 (cM) | 与性状的连锁程度 | 位点解释的表型变异 (%) | LOD αC[d] | LOD αG[e] | Genotype class means | | | |
|------|--------|------------|-----------|------------------|-----------------------|-----------|-----------|------|------|------|------|
| | | | | | | | | ac | ad | bc | bd |
| SR | 8 | 1DEtctMcga26 | 87.4 | 4.53 | 11.3 | 3.4 | 4.5 | 0.75 | 0.64 | 0.75 | 0.71 |
| MN | 8 | 1DEtctMcga26 | 87.4 | 3.42 | 8.6 | 3.3 | 4.6 | 10.02 | 12.75 | 10.12 | 10.60 |
| | 11 | 2DGSSRI422 | 73.0 | 3.76 | 9.7 | 3.2 | | 10.02 | 11.08 | 10.04 | 13.02 |
| FN | 5 | 2XGSSRI277 | 37.2 | 2.86 | 6.8 | 2.8 | 4.6 | 21.66 | 20.49 | 18.65 | 19.54 |
| | 8 | 1BEtctMcga14 | 93.5 | 3.38 | 8.1 | 3.3 | | 21.66 | 22.12 | 24.97 | 23.05 |
| FFB | 7 | 1DettaMcga14 | 61.6 | 3.29 | 9.0 | 3.1 | 4.4 | 110.51 | 116.1 | 93.21 | 112.16 |
| | 10 | 2DGSSR3213 | 72.2 | 3.76 | 8.7 | 3.3 | | 110.84 | 125.66 | 100.74 | 119.40 |
| | 15 | 2BmEgCIR2380 | 17.0 | 3.88 | 13.1 | 3.1 | | 110.52 | 114.82 | 141.21 | 120.30 |

产油量是重要的产量性状，利用作图群体，定位到控制 21 个产油量性状相关的 164 个 QTL 位点，这些 QTL 证实所有相关性状都受多基因控制，基因之间可能存在上位效应，并且一些 QTL 位点可能是一因多效的。Bai 等（2017）在 Deli 厚壳种和加纳无壳种杂交育种群体中使用 GBS 方法定位 QTL。$F_1$ 群体包含 153 个单株，高密度遗传连锁图谱包含 1 357 个 SNP 和 123 个 SSR 标记，图谱全长 1 527 cM（图 3 - 7，图 3 - 8）。在连锁群 1、8 和 10 上检测到控制果穗含油量、中果皮含油量的显著 QTL 1 个，微效 QTL 3 个，这些 QTL 解释表型变异的 7.6%～13.3%（图 3 - 9）。

选育矮秆品种是油棕育种重要目标，解析茎秆高度控制遗传机制显得尤为必要。Pootakham 等（2015）利用 GBS 方法大规模开发了 21 471 个 SNP 标记，其中 3 417 个 SNP 标记在 108 个 $F_2$ 作图群体中检测基因型，最终构建 1 429.6 cM 的连锁图谱，图谱上标记数量为 1 085 个。并且在连锁群 10、14 和 15 上定位到影响茎秆高度的 3 个 QTL。其中在连锁群 14 上找到两个控制株高的 DEL-LA 蛋白家族候选基因 *GAI1* 和 *GA2OX2*，*GAI1* 和 *GA2OX2* 都可以通过赤霉素信号途径调控株高（图 3 - 10）。Lee 等（2015）在两个厚壳种与无壳种杂交群体中利用 SSR 和 SNP 标记构建连锁图谱，连锁图谱包含 16 个连锁群，图谱上有 36 个 SNP 和 444 个 SSR 标记，图谱全长 1 565.6 cM。在连锁群 5 上检测到控制株高的 QTL 位点，解释 51% 的表型变异。

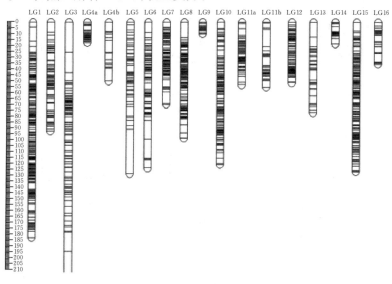

图 3-7　用 SNP 和 SSR 标记构建的连锁图谱

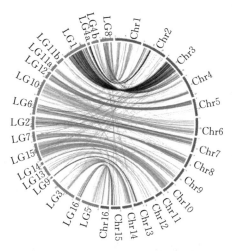

图 3-8　连锁图谱和物理图谱比对

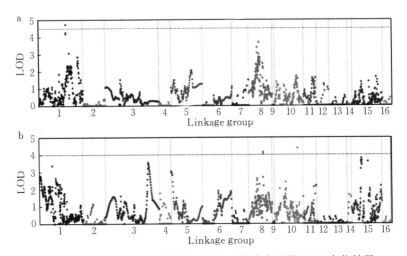

图 3-9　油棕全基因组果穗含油量和中果皮含油量 QTL 定位结果

a. 果穗含油量性状在 16 个连锁群上 QTL 定位结果；b. 中果皮含油量在 16 个连锁群上 QTL 定位结果

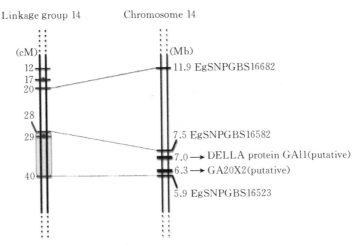

图 3-10　连锁图谱与物理图谱比对筛选控制株高的候选基因

油棕构建分离群体耗时长，而关联分析则是利用自然群体进行定位，特别适合在油棕中开展性状的遗传机制解析。目前已经有一些在油棕中开展关联分析的报道，取得了一些较好的结果。Chee-Keng 等（2016）使用 SNP 芯片分析 2 045 份薄壳种油棕基因型，并测定其干中果皮含油量，采用全基因组关联分析获得 3 个与干中果皮含油量密切相关的关键基因位点（图 3-11）。随后使用这 3 个位点评估 Deli×AVROS 育种群体，发现带有这 3 个位点的两种基因型的干中果皮含油量比不带有位点的高 4%（图 3-12）。利用 SNP 标记开展油棕分子标记辅助选择成为可能，相信在以后的商业品种选育中其会有更广阔的应用前景。

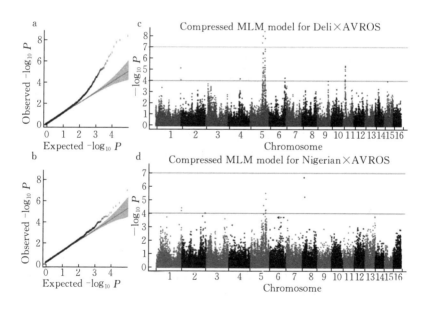

图 3-11　油棕中果皮含油量全基因组关联分析

a、b. 混合线性模型下的分位数-分位数图，横坐标是理论值，纵坐标是观测值；c、d. 横坐标是染色体，纵坐标是位点显著性值

（Chee-Keng 等，2016）

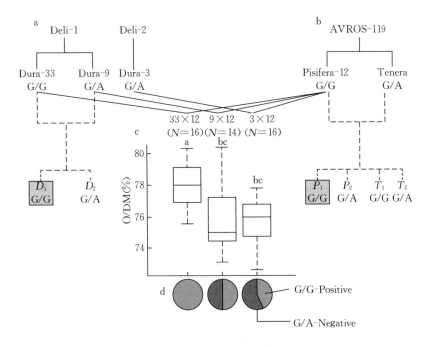

图 3 - 12　使用 SNP 标记进行分子标记辅助选择

(Chee - Keng 等，2016)

**参 考 文 献**

Babu B K，Mathur R K，Kumar P N，et al，2017. Development，identification and validation of CAPS marker for *SHELL* trait which governs dura，pisifera and tenera fruit forms in oil palm（*Elaeis guineensis* Jacq.）［J］. PloS ONE，12（2）：e0171933.

Bai B，Le W，Lee M，et al，2017. Genome - wide identification of markers for selecting higher oil content in oil palm［J］. BMC Plant Biology，17（1）：93.

Billotte N，Jourjon M F，Marseillac N，et al，2010. QTL detection by multi - parent linkage mapping in oil palm（*Elaeis guineensis* Jacq.）［J］. Theoretical and Applied Genetics，120 (8)：1673‐1687.

Billotte N，Marseillac N，Risterucci A M，et al，2005. Microsatellite‐based high density linkage map in oil palm (*Elaeis guineensis* Jacq. ) [J]. Theoretical & Applied Genetics，110 (4)：754‐765.

Gan S T，2014. The development and application of molecular markers for linkage mapping and quantitative trait loci analysis of important agronomic traits in oil palm (*Elaeis guineensis* Jacq. ) [D]. University of Nottingham.

Jeennor S，Volkaert H，2014. Mapping of quantitative trait loci (QTLs) for oil yield using SSRs and gene‐based markers in African oil palm (*Elaeis guineensis* Jacq. ) [J]. Tree Genetics & Genomes，10 (1)：1‐14.

Lee M，Xia J H，Zou Z，et al，2015. A consensus linkage map of oil palm and a major QTL for stem height [J]. Scientific Reports，5 (5)：8232.

Mayes S，Jack P L，Corley R H，et al，1997. Construction of a RFLP genetic linkage map for oil palm (*Elaeis guineensis* Jacq. ) [J]. Genome，40 (1)：116‐122.

Moretzsohn M C，Nunes C D M，Ferreira M E，et al，2000. RAPD linkage mapping of the shell thickness locus in oil palm (*Elaeis guineensis* Jacq. ) [J]. Theoretical & Applied Genetics，100 (1)：63‐70.

Ngootchin T，Jansen J，Nagappan J，et al，2013. Identification of QTLs associated with callogenesis and embryogenesis in oil palm using genetic linkage maps improved with SSR markers [J]. PloS ONE，8 (1)：e53076.

Pootakham W，Jomchai N，Ruangareerate P，et al，2015. Genome‐wide SNP discovery and identification of QTL associated with agronomic traits in oil palm using genotyping‐by‐sequencing (GBS) [J]. Genomics，105 (5‐6)：288.

Rance K A，Mayes S，Price Z，et al，2001. Quantitative trait loci for yield components in oil palm (*Elaeis guineensis* Jacq. ) [J]. Theoretical and Applied Genetics，103 (8)：1302‐1310.

Ritter E，Armentia E L D，Erika P，et al，2016. Development of a molecular marker system to distinguish shell thickness in oil palm genotypes [J]. Euphytica. 207 (2)：1‐10.

Seng T Y，Ritter E，Saad S H M，et al，2016. QTLs for oil yield components in an elite oil palm (*Elaeis guineensis*) cross [J]. Euphytica，212 (3)：

399 - 425.

Singh R, Low E T, Ooi L C, et al, 2013. The oil palm *SHELL* gene controls oil yield and encodes a homologue of SEEDSTICK [J]. Nature, 500 (7462): 340.

Singh R, Tan S G, Panandam J M, et al, 2009. Mapping quantitative trait loci (QTLs) for fatty acid composition in an interspecific cross of oil palm [J]. BMC Plant Biology, 9 (1): 114.

Tisné S, Denis M, Cros D, et al, 2015. Mixed model approach for IBD - based QTL mapping in a complex oil palm pedigree [J]. BMC Genomics, 16 (1): 798.

Ukoskit K, Chanroj V, Bhusudsawang G, et al, 2014. Oil palm (*Elaeis guineensis* Jacq. ) linkage map, and quantitative trait locus analysis for sex ratio and related traits [J]. Molecular Breeding, 33 (2): 415 - 424.

# 第四章　油棕抗逆分子育种

## 第一节　开展油棕抗逆分子育种的必要性

油棕虽然是"世界油王"，但是随着种植面积的不断扩大，也面临越来越严重的逆境胁迫，包括低温、干旱和贫瘠等非生物胁迫以及病虫害等生物胁迫。逆境胁迫对油棕产量和品质影响较大，已经逐步成为油棕种植过程中的重要问题。许多公司和研究单位都开展了油棕抗逆研究，马来西亚 MPOB 等研究机构开展了抗茎基腐病的研究，哥斯达黎加 ASD 公司培育了抗寒品种，尼日利亚油棕研究所培育了抗枯萎病的品种，同时马来西亚、非洲和美洲许多机构也开展了抗虫的研究。虽然油棕抗逆研究开展了许多年，但是进展依然缓慢，消除或减轻逆境对油棕产量和品质影响的技术手段依然作用有限或负面作用大。为了找到切实有效的抵御逆境影响的方法，理解逆境胁迫对油棕的作用分子机制十分必要。

由于冬季低温导致开花结果少，温度是影响我国油棕产量的重要因素。我国海南省曾多次开展油棕引种试种，但都因为多种原因未能成功，其主要原因之一是海南相比油棕的主要栽培国气温偏低，油棕正常生长所需要的年平均温度一般在 21 ℃以上，在 25～28 ℃时油棕的生长较为适应，然而，当温度低于 18 ℃时，油棕的生长显著减慢，果实发育不良，产量显著减低。当气温低于 15 ℃时，油棕几乎停止生长。而在我国海南的东部、北部和西部，虽然年平均温度在 23～25 ℃，但是最冷月平均温度一般在 17 ℃以下，有时候温度甚至可以低至 3 ℃。因而引进抗寒的油棕品种，对于提高我国油棕的产量非常重要。水分是影响油棕产业发展比较重要的因素。油棕起源于热带非洲，喜温暖湿润环境，在年降雨量

≥1 800 mm的地区，其生长良好。年降雨量在 1 300～1 700 mm 且雨水分布不均匀、有明显旱季的地区，对油棕生长有明显的影响。我国热带北缘地区存在较为明显的季节性干旱，这成为制约我国油棕产业发展的一个关键因素。油棕为多年生木本植物，仅仅通过大规模的引进，然后进行适应性栽培筛选耐低温、干旱的油棕品种，效率较低。如果利用分子标记进行初步筛选，然后再进行适应性栽培，将大大提高筛选效率。

MPOB 于 2013 年 8 月公布的油棕基因组数据为快速发掘遗传标记与油棕重要经济性状之间的关联奠定了基础，也为分子辅助选择在国内油棕定向选育种工作中的应用提供了重要参考，突破油棕抗逆分子育种技术是我国油棕商业化种植面临的关键科技问题之一。

# 第二节　油棕抗逆生理生化研究

目前，油棕在逆境胁迫下的生理生化研究主要集中在抗寒和抗旱两方面，并取得了一定的进展，但与其他作物相比，研究基础还比较薄弱且进展缓慢。当下研究主要针对生理生化反应的描述，而抗寒、抗旱生理变化分子机制少有报道。通过一定途径提高油棕抗寒、抗旱能力的研究也较少。

世界油棕主产区分布在热带地区，因此，国外油棕抗寒生理方面研究较少。而在中国，油棕主要分布在热带和亚热带地区，面临着冬季低温寒害，因而国内油棕抗寒生理方面研究较多。低温胁迫下，叶片、花序和幼果的生长发育都严重受抑制，进而导致产量下降（杨华庚，2007；李静等，2011；Cao 等，2011；曹红星等，2014）。对低温胁迫下油棕叶片的生理学和解剖学研究发现，低温导致叶片含水量、叶绿素、可溶性蛋白含量降低，丙二醛（MDA）含量先升高后降低，质膜相对透性先降低后上升，电导率上升；可溶性糖和脯氨酸等渗透调节物质的含量在短期胁迫下迅速上升，在长期胁迫下逐渐降低；抗氧化酶活性也是短期胁迫下迅速上升，而在长期胁迫下逐渐降低。低温胁迫严重抑制油棕的光合作用。低温胁迫下，叶片光合参数净光合速率（Pn）、气孔导度（Gs）、蒸腾速率（Tr）显著下降，气孔限制值（Ls）和水分利用效率（WUE）显著增加，胞间 $CO_2$ 浓度（Ci）显著先下降后上升，叶绿素荧光参数初始荧光（$F_0$）不断上升，PSⅡ最大光化学效率（Fv/Fm）、光化学猝灭系数（qP）、非光化学猝灭系数（qN）不断下降（杨华庚等，2009）。低温胁迫对油棕叶片的解剖结构也有较大的影响。低温胁迫下，叶总厚度、栅栏组织厚度和海绵组织厚度都显著降低。这些结果表明油棕能够在短期低温胁迫下通过合成渗透调节物质增强叶片的渗透势，通过活化抗氧化酶清除低温胁迫中叶片中的活性氧，提高对低温胁迫的耐受性。但油棕本身是典型的热带植物，对低温敏感，长期的低温胁迫导致叶片的物质含量、解剖结构和生理功能发生不可逆的紊乱和破坏，进而严重抑制其生长和发育。

外源喷施生长调节物质能够提高油棕对低温胁迫的耐受性。刘艳菊等（2016）研究了不同浓度 ABA 对低温胁迫油棕幼苗生理的影响，结果发现 10 ℃胁迫下，油棕幼苗叶片的可溶性蛋白和可溶性糖含量、质膜透性及脯氨酸、MDA 和 $H_2O_2$ 含量均显著增加，SOD 和 POD 活性显著下降。$50.0 \sim 200.0$ $\mu mol/L$ ABA 处理在降低幼苗质膜透性和 SOD 活性的同时，抑制 MDA 和 $H_2O_2$ 含量上升，缓解低温胁迫引起的膜脂过氧化，提高可溶性蛋白、脯氨酸含量以及 POD 活性（表 4-1）。低温胁迫下外施 ABA 对提高油棕幼苗抗寒性具有积极意义，以 $200.0$ $\mu mol/L$ ABA 处理的抗寒效果最佳。

与油棕抗寒生理方面研究相比较，近年来，开展油棕抗旱、抗盐生理方面研究较少。曹建华等（2009）对 12 个油棕新品种多年来大田抗逆性表现进行了调查与分析，研究发现连续 9 个月的干旱在一定程度上影响了油棕的生长、开花、结实与产量，但无植株因干旱死亡。孙程旭等（2010）研究发现随着干旱胁迫处理时间的延

**表 4 - 1 不同浓度 ABA 处理对低温胁迫下油棕叶片生理指标的影响**

| 处　　理 | 可溶性蛋白含量（mg/g） | 可溶性糖含量（mmol/g） | 质膜透性（%） | 丙二醛含量（$\mu$mol/g） | 脯氨酸含量（$\mu$g/g） | $H_2O_2$含量（$\mu$mol/g） |
|---|---|---|---|---|---|---|
| 对照（CK） | 0.48c | 66.69c | 11.34c | 20.31b | 13.38c | 44.88d |
| 0 $\mu$mol/L ABA | 0.55c | 89.18a | 17.42a | 31.45a | 30.48b | 112.14a |
| 50.0 $\mu$mol/L ABA | 0.63bc | 84.62ab | 16.74a | 29.75a | 33.07b | 82.73b |
| 100.0 $\mu$mol/L ABA | 0.78b | 80.9b | 15.02ab | 25.57ab | 44.99a | 76.26bc |
| 200.0 $\mu$mol/L ABA | 1.05a | 79.92b | 13.47bc | 24.79ab | 34.5b | 59.47cd |

注：同列数据后不同小写字母表示差异显著（$P<0.05$）。

长，油棕幼苗受害指数增大，质膜透性、MDA 含量和脯氨酸含量均有不同程度的升高；SOD、POD 活性出现先上升后下降的变化趋势，这与 Cha - um 等（2013）的结果相一致。Cao 等（2011）研究发现干旱胁迫时，油棕幼苗 SOD、POD 活性先上升后下降。曹建华等（2014）发现在一定干旱胁迫下，油棕叶片内的叶绿素、MDA、可溶性糖含量以及相对电导率都呈升高趋势，而脯氨酸、可溶性蛋白含量以及 SOD、POD 活性下降，表明油棕对干旱产生了适应性保护反应。当胁迫时间增加到一定程度时，MDA、可溶性糖含量和相对电导率又呈下降趋势，而脯氨酸、可溶性蛋白含量以及 POD 活性又呈上升趋势，此时油棕可能受到了伤害，表明其对干旱胁迫的耐受性有一定的限度。

周丽霞等（2016）以半年生盆栽油棕幼苗为研究材料，考察了盐胁迫对其质膜透性，可溶性糖、脯氨酸、丙二醛（MDA）含量，以及 SOD 和 POD 活性的影响，结果发现，随着盐浓度的升高和盐胁迫时间的延长，油棕幼苗叶片质膜透性增大，可溶性糖、脯氨酸和丙二醛的含量均有不同程度的升高，SOD 和 POD 活性呈现出先升高后降低的变化趋势。

# 第三节 抗寒和抗旱的分子生物学研究

目前，国内外开展了一些关于油棕抗寒和抗旱等逆境胁迫的分子生物学研究。中国热带农业科学院椰子研究所克隆了油棕低温相应转录因子基因 *CBF*。肖勇等（2013）以 NCBI 网站上公布 *CBF*基因设计引物，对油棕的基因组进行扩增，并对其进行回收、转化和测序；共测了 11 个克隆，测序结果显示这 11 个克隆中有 3 个不同拷贝的 *CBF* 基因序列，序列之间的同源性分别是 99%、92% 和91%；将克隆的 *CBF* 基因与不同物种的 *CBF* 基因进行聚类分析，其结果显示这些不同物种的 *CBF* 基因可以分为三类，油棕的 3 个*CBF* 基因被聚在一块，此外，油棕 *CBF* 基因与 *HvCBF1*、*Os-DREB1E*、*HvCBF11* 以及 *TaCBF11* 的同源性较高。采用同源序列法，克隆了 3 个拷贝的 *CBF* 基因，通过 Blast 比对发现，克隆的 *CBF* 基因与 NCBI 数据库现有的 *CBF* 基因具有很高的同源性。这些工作将为油棕抗寒的分子选育奠定基础（图 4-1）。

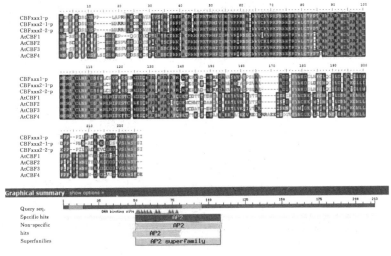

图 4-1 克隆的油棕 *CBF* 与拟南芥 *CBF* 比对图

分析转录组数据，从中筛选了大量与低温应答相关的 SSR 标记。Xiao 等（2014）在油棕转录组的 51 452 个表达序列中总共鉴定 5 791 个 SSR，大约每 10 个表达序列检测到 1 个 SSR。在这 5 791个 SSR 中，有 916 个表达序列表达量变化超过 200%。一共从开发的 442 对 SSR 引物中筛选出 182 对多态性 SSR 标记。24 株油棕多态信息含量（PIC）的 SSR 标记变化区间为 0.08～0.65（平均 0.31⊥0.12）。应用计算机模拟描图，182 个多态 SSR 标记中的 137 个位于 16 条油棕染色体上，总覆盖率为 473 Mb，相邻标记之间的平均物理距离为 3.4 Mb（范围为 96 bp～20.8 Mb）。同时，冷胁迫下转录组比较分析发现 ICE1 同源基因，5 个 CBF 同源基因，19 个 NAC 转录因子和 4 个冷诱导的同源基因表达量至少上升 2 倍。有趣的是，ICE1 和 NAC 基因的 5'非编码区均有 SSR。该研究表明，一系列 SSR 标记基于不同序列在响应冷胁迫中被发现。这些 EST‐SSR 标记将对油棕基因定位和种群结构分析特别有用。同时，低温胁迫下，EST‐SSR 位点可诱导表达，这可用于鉴别油棕种质关联标记。在比较转录组的基础上，开发了油棕抗寒相关的 SSR 分子标记 182 个，通过关联分析挖掘了 3 个与 ICE、CBF 和 2 个 NAC 同源基因相关联的分子标记，为油棕耐寒分子辅助育种提供了基础（图 4‐2）。

为研究油棕响应低温的分子机制，开展基因表达分析，筛选了在低温下稳定表达的内参基因。Xia 等（2014）为了确定油棕稳定的内参基因，对从 NCBI 获得的 17 不同组织的转录组进行了系统的评估，总的来说，有 53 个候选参考基因被确定为变异系数<3，其中 18 个来自植物组织的生殖组织，35 个来自营养组织，53 个候选参考基因中的 12 个基因是传统的看家基因。该研究说明从转录组数据发现和鉴定稳定表达基因作为参考候选基因是可靠的和高效的，并且一些传统的看家基因表达更稳定。该研究提供了一个有用的研究非洲油棕基因表达的分子遗传手段，促进了这个物种作物改良的分子遗传学研究。在分析转录组数据的基础上，筛选了 16 个内参候选基因，通过对油棕在低温（8 ℃）、干旱（湿度控制在

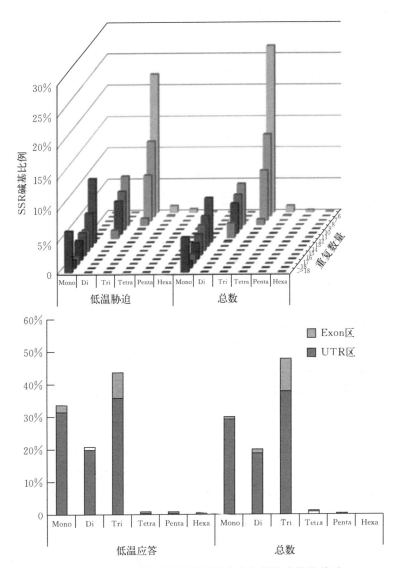

图 4 - 2　SSR 碱基重复的属性及分布与低温应答的关系

23%）、耐盐（300 mmol/L NaCl）等逆境胁迫下稳定表达的内参基因的验证，筛选了 *ACT1*、*ACT2*、*eIF1*、*eIF2* 和 *APT* 为油棕

逆境胁迫下稳定表达的内参基因，其中 eIF1 和 eIF2 可作为低温胁迫的内参基因。

Lei 等（2014）为了研究油棕低温响应的分子机理，对未冷处理和 8 ℃冷处理的油棕材料进行转录组测序，处理的油棕样品中获得 40 725 个转录本，在这些转录本中，2 665 个转录本在冷处理的转录组中特异表达。4 498 个转录本被注释为转录因子基因，在它们中，293 个转录因子基因在冷诱导上调 2 倍以上，而 97 个转录因子基因表达被抑制 200％以上。在这些受诱导和抑制的转录因子基因中，最大的转录因子基因家族为 AP2 家族，在它们中，15 个 AP2 类转录因子基因表达上调至少 2 倍，而 4 个 AP2 转录因子基因表达下调至少 2 倍。在植物中，CBF 基因包含 AP2 保守结构域，在植物抗寒逆境中起着关键的作用。在 5 个油棕的 CBF 基因中，冷处理下，其都诱导表达。所有的 CBF 基因，在未冷处理以及冷处理 0.5 h 和 1 h 后，这 5 个 CBF 基因表达水平都低，然而在冷处理 4 h 后，这些基因表达量高，随着继续冷处理 8 h 和 1 d 后，这些 CBF 基因的表达有所下调，而在冷处理 7 d 后，这些 CBF 基因又被聚类诱导表达。比较油棕 CBF 基因与温带植物，CBF 基因 AP2 结构域的氨基酸序列，发现保守结构域序列非常保守，说明油棕 CBF 基因的功能并未发生大的变异，并在冷胁迫下有相似的功能。CBF 能调控下游 COR 基因的表达，依据油棕的转录组，检测了 6 个 COR 基因，冷诱导下这些基因并不被诱导表达，同时检测了它们的启动子序列和 C - repeat 保守结构域，发现 COR 基因的启动子的结构域已发生变异，这种变异导致 CBF 基因表达的蛋白不能与 COR 基因的启动子序列结合，从而使得油棕对低温非常敏感。

油棕抗寒相关基因 EgCBF3 不仅响应低温胁迫，还与激素调节和果实成熟有关。Ebrahimi 等（2015）研究发现 EgCBF3 是包含 57 个氨基酸的 AP2 DNA 结构域，根据 AP2 结构域上下游标记序列，推测其属于 CBF/DREB1 亚科。EgCBF3 在果实中果皮组织中差异性表达，开花 17 周后表达量高。在不同植物组织中，根部的表达量更高。在油棕果中果皮组织中，*EgCBF3* 的表达在低温胁迫、乙烯和脱落酸（ABA）处理 2 h 后升高，24 h 达到最高，而在干旱和盐胁迫下，它分别在 4 h 和 8 h 表达量最高。利用 EM-SA 凝胶迁移和酵母单杂交分析体内外 DNA 蛋白反式激活，结果显示 *EgCBF3* 能够结合 DRE/CRT 顺式元件。番茄可作为油棕果实的模式植物。这些结果表明 *EgCBF3* 可调节油棕成熟果实对非生物胁迫的响应，也可调节果实成熟相关基因的表达。

Ebrahimi 等 2016 年进一步利用番茄作为模式植物，通过转基因方法检测 *EgCBF3* 的功能特性。与野生型番茄相比，*EgCBF3* 番茄表型改变，延迟了叶片的衰老和开花，叶绿素含量和异常开花增加，提高了其对非生物逆境胁迫的耐受力；根和叶组织内的 3 个 *SlACSs* 和 2 个 *SlACOs* 乙烯合成相关基因的转录程度改变。在 *EgCBF3* 番茄受伤的叶片中，研究了 8 个 *AFP* 基因，发现 *SlOSM-L*、*SlNP24*、*SlPR5L* 和 *SlTSRF1* 转录因子下调，而 *SlCHI3*、*SlPR1*、*SlPR-P2* 和 *SlLAP2* 则上调。这些结果表明 *EgCBF3* 在植物生长发育中可作为乙烯生物合成相关基因和 *AFP* 基因的调节因子，并可应答非生物胁迫。

与抗寒分子研究相比较，干旱胁迫下的分子研究开展得较少。Azzeme 等（2017）从油棕中分离出 *EgDREB1*，脱水响应元件结合蛋白（DREB）转录因子在控制非生物胁迫应答基因表达中起着重要作用。为了确定 *EgDREB1* 参与非生物胁迫反应，分析不同干旱程度的油棕幼苗和非生物胁迫处理 *EgDREB1* 转基因番茄幼苗的功能特性，利用定量 PCR，检测 *EgDREB1* 在根和叶片表达情况。在轻度干旱处理下，油棕根部 *EgDREB1* 早期积累可能从参与根到茎的信号通路开始。在干旱和冷胁迫下，$T_1$ 转基因番茄中 *EgDREB1* 的异位表达增强了 DRE/CRT 和非 DRE/CRT 基因表达，包括番茄过氧化物酶（*LePOD*）、抗坏血酸过氧化物酶（*LeAPX*）、过氧化氢酶（*LeCAT*）、超氧化物歧化酶（*LeSOD*）、谷胱甘肽还原酶（*LeGR*）、谷胱甘肽氧化酶（*LeGP*）、热休克蛋白70（*LeHSP70*）、晚期胚胎丰富（*LeLEA*）等。总之，这些结果都

表明 *EgDREB1* 是增强对干旱和冷胁迫的耐受力的功能调节因子。

通过油棕低温、干旱和逆境应答的分子生物学基础研究，在比较转录组测序与分析方面，发现油棕低温胁迫下有 11 579 个的表达有不同程度的上调，同时有 2 246 个基因的表达受到了抑制，其中参与代谢、分子转运等过程的相关基因表达增强，转录因子 *AP2*、*NAC*、*Bzip*、*Homedomain* 和 *WKRY* 家族的基因的表达明显上调，说明在低温胁迫下，生命过程发生了剧烈的变化。对 *CBF* 介导的低温应答路径的分析共发现 8 个与 *CBF* 同源的转录本，3 个与 *ICE* 和 *SIZ1* 同源的基因，1 个与 *MYB15* 和一个与 *HOS1* 同源的转录本，油棕可能同其他植物一样由 *CBF* 来传递低温胁迫的信号，并调控相关基因的表达。进一步的研究发现，油棕存在不同于温带植物的 *CBF* 介导的低温应答机制，长期的热带环境适应使部分油棕的 *COR* 基因的启动子产生变异，并失去了相应的功能，该研究丰富了低温应答分子调控的理论基础。

总之，通过油棕抗逆生理和分子生物学基础研究，阐述油棕抗逆的机理，可为抗逆的种质资源筛选提供依据。随着抗逆分子机制的进一步研究，利用基因编辑等新的技术手段和育种方法，高效和快速地培育抗逆油棕品种将成为可能。

# 第四节　油棕茎基腐病

近年来随着世界油棕栽培面积的不断扩大，油棕各种病害的发生与危害也日益频繁和严重油棕主要病害有茎基腐病（Base Stalk Rot，BSR）、枯萎病、芽腐病、苗疫病。其中，茎基腐病是油棕生产上的一种致死性病害，苗期至结果期均可受害。目前，在油棕抗病育种方面，主要针对茎基腐病等由灵芝菌属引发病害的油棕分子机制开展了一些相关研究。

油棕茎基腐病的致病和抗病机理还不明确。BSR 是由灵芝菌菌丝入侵而引起的，并由根部蔓延到茎部。除了根部接触外，BSR 还可通过担孢子空气传播，这些真菌能够分解细胞壁的成分，包括纤维素、半纤维素和木质素等。BSR 降低了产油量，给油棕产业带来了严重的经济损失。Ho 等（2015）研究认为灵芝菌的传输和模式与油棕为半活体寄生的相互作用。　（图 4 - 3）。Rakib 等（2015）对 BSR 和上茎腐病（USR）相关的 G. zonatum 和灵芝菌侵染油棕幼苗程度进行了研究。所有接种灵芝菌后 12 周和 24 周的幼苗都表现出感染迹象。然而，在试验的灵芝菌种中，幼苗感染的症状是难以区分的，事实上，它们在疾病进展曲线面积、流行率、叶面症状严重程度、疾病严重程度指数、茎秆坏死和原发性根坏死方面表现出不同程度的破坏性。研究表明，USR 的 G. zonatum 是最具侵略性的，其次是 BSR 的 G. zonatum 和灵芝菌，因此迫切需要一种新的控制策略机制来遏制这种疾病的传播。Fonguimgo 等（2015）研究油棕对 BSR 的不同反应，根中木质素用间苯三酚-盐酸（phloroglucinol - HCl）检测，结果表明木质素的积累与 BSR 耐受无关联，木质素含量可能并不是一个可靠的特性，不能用来描述油棕对灵芝菌的耐受性。

　　目前已经使用木霉菌防治油棕茎基腐病。两种哈茨木霉菌株（FA1132 和 FA1166）作为生物控制剂用于防治油棕幼苗茎基腐病。Sundram 等（2008）采用三种不同菌株的孢子悬浮液对油棕幼苗根部茎基腐病处进行处理，以疾病严重程度指数（DSI）从 0 到 100 来评估。FA1132 单一菌株应用的，其 DSI 最低（28.35），而 FA1166 单一菌株应用没有抗病效果。结果表明，木霉菌的生物控制特性是特异的，应用混合接种法显著降低了 FA1132 的性能。Sundram 等（2014）选择两种木霉菌分离物（T. asperellum T9 和 T. virens T29），研究其对油棕幼苗 BSR 的抑制影响。结果表明，与用 T9 和 T29 混合接种物、棕榈压榨纤维单独处理和水处理的相比较，用 T29 和 T9 处理的植物 BSR 发病率更低。与对照处理相比，用 T29 和 T9 处理的植物 BSR 延迟了 8 周。该研究还表明，富含单一木霉属物种（T9/T29）的棕榈压榨纤维作为地表覆盖物能有效延缓油棕幼苗 BSR 发生。Nurazah 等（2017）利用代谢组学多元统计分析油棕根部代谢物组成，结果显示 Cameroon 和 Deli

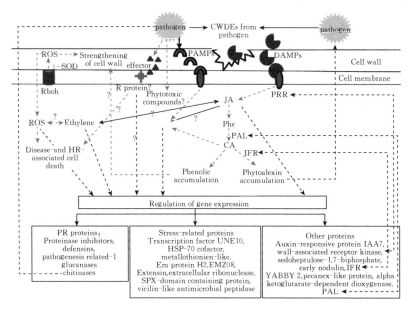

图4-3　油棕-灵芝菌相互作用的分子机制和油棕基因响应灵芝菌病害的反应
（Ho等，2015）

油棕对 *G. boninense* 有不同的感应程度；对苯丙素途径中涉及代谢物的变化（莽草酸、葡萄糖和苹果酸等）进行了观测，发现 Cameroon 比 Deli 更耐受。该研究可用于筛选抗 BSR 的油棕种质资源。哈茨木霉菌对灵芝菌的生物防治涉及调节与植物激素（乙烯、茉莉酸甲酯和水杨酸甲酯）生物合成，抗氧化剂（L-抗坏血酸和肌醇）及次级代谢产物如细胞壁代谢和植物毒性化合物有关的基因。该研究加深了对哈茨木霉菌对油棕根部灵芝菌感染的生物防治机制的理解。

　　Tan 等（2013）为研究油棕对灵芝菌的响应机制，在基因表达水平上开展了一些研究，然而具体的响应机制还未被揭示。灵芝菌处理油棕根 3～12 周后，11 个与防御相关的基因［编码假定 Bowan-Brink 丝氨酸蛋白酶抑制剂（*EgBBI1* 和 *EgBBI2*）、防御素（*EgDFS*）、脱水素（*EgDHN*）、早期甲硫氨酸标记多肽（*EgEM-*

*LP1* 和 *EgEMLP2*）和富含甘氨酸的 RNA 结合蛋白（*EgGRRBP*）、异黄酮还原酶（*EgIFR*）、金属硫蛋白样蛋白质（*EgMT*）、致病蛋白（*EgPRP*）和 2 型核糖体失活蛋白（*EgT2RIP*）］进行定量 PCR 表达，发现灵芝菌处理根组织 3 周和 6 周后，与对照相比，*EgBBI2* 转录丰度增加；处理 6 周或 12 周后 *EgBBI1*、*EgDFS*、*EgEMLP1*、*EgMT* 和 *EgT2RIP* 转录丰度增加。同时，在灵芝菌处理的根组织 3 个时间点 *EgDHN* 基因表达都上调。在油棕叶片接种灵芝菌和哈茨木霉菌后，检测这 11 种基因的表达谱，发现在灵芝菌处理叶片上两个候选基因（*EgEMLP1* 和 *EgMT*）与哈茨木霉菌处理的相比有不同的表现，可被开发作为生物标记物，进而及早发现灵芝菌的感染。Kwan 等（2015）从油棕中分离编码 NOA1 蛋白的全长 cDNA，命名为 *EGNOA1*。序列分析显示 *EgNOA1* 是与 YawG/YlqF 家族的细菌 YqeH 蛋白高度相似的环状排列的 GTP酶。通过检测灵芝菌处理的油棕根部组织 *EgNOA1* 基因表达和 NO 生物合成，探讨 *EgNOA1* 是否参与茎基腐病的形成。定量 PCR 分析显示，在灵芝菌处理下根组织中的 *EgNOA1* 基因表达量增加。采用 Griess 法检测，在灵芝菌处理下根组织在 *EgNOA1* 转录因子上调前出现 NO 暴发。这说明在灵芝菌处理下根组织中 NO 合成独立于 *EgNOA1*，*EgNOA1* 可能参与植物对病原体感染的防御反应。木霉菌和菌根作为颉颃菌，能够减缓茎基腐病，但它们能否诱导宿主防御相关基因表达进而提高防御力还未得到验证。Tan 等（2015）检测了不同时间点接种哈茨木霉菌 T32 和菌根的油棕根组织中的 11 个与防御相关的 cDNA 的表达水平，发现与对照相比，菌根处理 6 周后编码 Bowman-Birk 蛋白酶抑制剂（*EgBBI2*）和防御素（*EgDFS*）的基因表达量上调了 2 倍。哈茨木霉菌处理 6 周后转录编码脱水蛋白（*EgDHN*）、富含甘氨酸 RNA 结合蛋白（*EgGRRBP*）、异黄酮还原酶（*EgIFR*）、2 型核糖体失活蛋白（*EgT2RIP*）和 *EgDFS* 表达上调。灵芝菌处理的油棕根组织中这些基因也有表达。该研究揭示了木霉菌和菌根胁迫油棕可诱导相关防御基因的表达，以及这些基因提高植物防御能力

的潜在作用。Putranto 等（2016）设计了 21 对编码与灵芝菌反应相关的 12 个基因的特异性引物，分析已预测每种基因的同种型，PCR 扩增产生181～220 bp 的片段。通过 RT‐qPCR 分别比较这些基因在 D×P MT Gano（中度耐受）和 D×P Yangambi（易感）油棕品种中的表达情况，21 个基因中有 16 个在 D×P MT Gano 和 D×P Yangambi 之间有差异调节，根中有 6 个上调基因（$EgCHI1$、$EgVIR-1$、$EgVIR-2$、$EgIFR-2$、$EgMT-1$ 和 $EgSPI-2$）可作为中度耐受的油棕品种标记物。该研究结果表明中度耐受和易感油棕品种与响应灵芝菌侵染间有明显的分子调控。Tan 等（2016）研究了灵芝菌感染的油棕幼苗中苯丙酮类和类黄酮途径基因的表达。苯丙氨酸和类黄酮可影响植物发育和防御作用。在接种灵芝菌 6 个月和 14 个月后，油棕幼苗受到不同程度的感染。根据幼苗体内外的症状，比较了苯丙氨酸和类黄酮途径的转录本以及与次生细胞壁形成相关的转录因子，结果发现，经过长期侵染后，油棕根组织对灵芝菌有反应，并对苯丙氨酸和类黄酮途径都有调节作用。在处理 6 个月后，与无症状表现和对照幼苗相比，$PAL2$ 和 $PAL3$ 表达量明显上升。然而，在处理 14 个月后无症状和有症状表现的幼苗所有 $PAL$ 基因表达均下调。在木质素途径中，处理 14 个月后有症状表现的幼苗 $COMT$ 和无症状表现的幼苗 $CCR$ 表达均下调，木质素组分发生变化。有症状表现的幼苗中合成次生细胞壁和木质素的转录因子（$MYB58$、$MYB63$ 和 $SND1$）的表达下调，同时表明细胞壁合成和抗病性之间有联系。处理 6 个月和 14 个月后，有症状表现的幼苗类黄酮信号通路的调节基因大多下调，表明油棕在防御灵芝菌后可能抑制该途径。延长灵芝菌侵害表明，油棕幼苗在抗病性方面对苯丙氨酸和类黄酮的表达有不同的反应。Lim 等（2017）从灵芝菌中分离出 5 种编码亲环蛋白（CYP）的 cDNA，用灵芝菌菌丝体外感染油棕苗，通过定量 PCR 分析这些基因的表达水平，结果显示，有两个 $GbCYPs$ 表达上调，CYP 转录物可能参与子实体的生长（$GbCYP201$）和真菌致病性的调控（$GbCYP203$ 和 $GbCYP205$）。

Tee 等（2013）利用 cDNA 微阵列方法检测了油棕茎基腐病灵芝菌致病因子的转录反应。在感染灵芝菌 3 周和 6 周后，与对照相比，在油棕根部共检测到 3 748 个转录本，其中 61 个有显著上调或下调。鉴定了已染病的油棕根部差异表达基因，包括编码异黄酮还原酶、Em 蛋白 H2、含 SPX 结构域蛋白 1、发病机理相关蛋白 1 的基因。利用 PCR 鉴定油棕根部异黄酮还原酶的基因表达，其涉及苯丙酸生物合成途径中的植保素和三个相关基因的产生。这些信息有助于我们理解油棕对灵芝菌的防御机制、辅助育种的分子标记的发展及耐灵芝菌的油棕种质筛选。

Zain 等（2013）为研究油棕感染 BSR 后根部代谢物水平的变化情况，利用液相色谱-质谱（LC - MS）发现油棕根部 9 种糖和酚类代谢物涉及响应 BSR 侵染。该研究提供了有关酚类化合物可作为标记代谢物预防油棕 BSR 的证据。

Sargolzaei 等（2016）研究发现 EgRIP 蛋白对灵芝菌菌丝的生长具有一致作用。在油棕检测到 Ⅰ 型核糖体失活蛋白（RIP），为了确定其功能，发现 *EgRIP - 1a* 和 *EgRIP - 1b* 在油棕根部和茎基部分转录表达，与 Ⅰ 型 RIPs 有很高的相似性。它们在植物与病原体相互作用期间表达水平发生变化，其蛋白质的分子质量为 $28 \sim 30$ ku，pI 值约为 10.0。通过 EgRIP 蛋白对酵母的破坏，证实了特异性核糖体失活。EgRIP 蛋白在灵芝菌处理 5 d 后就表现出对灵芝菌菌丝生长的抑制，达 44.1%。这些都证明 EgRIPs 是 Ⅰ 型，具有抗灵芝菌感染作用。

根据目前的研究结果，了解到油棕基因 *EgEMLP1* 和 *EgMT* 可被开发作为生物标记物，进而及早发现灵芝菌的感染。油棕苗可通过诱导这些基因（*EgNOA1*、*EgBBI2*、*EgDFS*、*EgDHN*、*EgGRRBP*、*EgIFR*、*EgT2RIP* 和 *EgDFS*）的表达，进而提高其防御茎基腐病的能力。木霉菌可诱导 *EgDHN*、*EgGRRBP*、*EgIFR* 等基因的表达，能有效防治油棕茎基腐病。目前，由于缺乏十分有效的化学防治药剂，种植抗病品种仍是防治油棕茎基腐病的主要方法，因此开展油棕抗、耐病品种分子选育工作具有重要意义。

# 参 考 文 献

曹红星，黄汉驹，雷新涛，等，2014. 不同低温处理对油棕叶片解剖结构的影响[J]. 热带作物学报，35（3）：454-459.

曹红星，孙程旭，冯美利，等，2011. 低温胁迫对海南本地种油棕幼苗的生理生化响应. 西南农业学报，24（4）：1282-1285.

曹红星，张大鹏，王家亮，等，2014. 低温对油棕可溶性糖转运分配的影响[J]. 西南农业学报，27（2）：591-594.

曹建华，李静，陶忠良，等，2014. 油棕幼苗对低温胁迫的生理响应及其抗寒力评价[J]. 热带农业科学，34（8）：8-12.

曹建华，李晓波，林位夫，等，2009. 12个油棕新品种大田栽培抗逆性调查初报[J]. 热带农业科学，29（2）：1-6.

曹建华，李晓波，陶忠良，等，2014. 油棕新品种对干旱胁迫的生理响应及其抗旱性评价[J]. 热带农业科学，34（7）：27-32.

曹建华，林位夫，张以山，2012. 中国油棕产业发展战略研究[M]. 北京：中国农业出版社：6-7.

李静，陈秀龙，李志阳，等，2013. 低温胁迫对10个油棕新品种生理生化特性的影响[J]. 华南农业大学学报，34（1）：62-66.

刘艳菊，林以运，曹红星，等，2016. 外源ABA对低温胁迫油棕幼苗生理的影响[J]. 南方农业学报，47（7）：1171-1175.

刘勇，冯美利，曹红星，等，2014. 低温胁迫对油棕叶片养分含量变化的影响[J]. 热带农业科学，34（6）：16-19.

倪书邦，刘世红，魏丽萍，等，2012. 西双版纳新引油棕品种抗寒性鉴定及抗氧化系统研究[J]. 云南农业大学学报，27（1）：44-48.

孙程旭，曹红星，马子龙，等，2010. 干旱胁迫对油棕幼苗生理生化特性的影响[J]. 西南农业学报，23（2）：383-386.

肖勇，杨耀东，曹红星，等，2013. 油棕CBF基因的克隆及与禾本科植物CBF基因的进化关系[J]. 中国农学通报，29（18）：127-131.

杨华庚，林位夫，2009. 低温胁迫对油棕幼苗光合作用及叶绿素荧光特性的影响[J]. 中国农学通报，25（24）：506-509.

杨华庚，2007. 低温胁迫对油棕幼苗生理生化特性的影响[D]. 海口：华南热带农业大学.

周丽霞，肖勇，杨耀东，2016. 盐胁迫对油棕幼苗生理生化特性的影响[J]. 江西农业学报，28（7）：43-45.

Azzeme A M，Abdullah S N A，Aziz M A，et al，2017. Oil palm drought inducible DREB1，induced expression of DRE/CRT - and non - DRE/CRT - containing genes in lowland transgenic tomato under cold and PEG treatments [J]. Plant Physiology & Biochemistry，112：129-151.

Cao H X，Sun C X，Shao H B，et al，2011. Effects of low temperature and drought on the physiological and growth changes in oil palm seedlings [J]. African Journal of Biotechnology，10（14）：2630-2637.

Chaum S，Yamada N，Takabe T，et al，2013. Physiological features and growth characters of oil palm (*Elaeis guineensis* Jacq. ) in response to reduced water - deficit and rewatering [J]. Australian Journal of Crop Science，7（3）：432-439.

Ebrahimi M，Abdullah S N A，Aziz M A，et al，2015. A novel CBF that regulates abiotic stress response and the ripening process in oil palm (*Elaeis guineensis*) fruits [J]. Tree Genetics and Genomes，11（3）：1-16.

Ebrahimi M，Abdullah S N A，Aziz M A，et al，2016. Oil palm *EgCBF3*，conferred stress tolerance in transgenic tomato plants through modulation of the ethylene signaling pathway [J]. Journal of Plant Physiology，202：107-120.

Fonguimgo T F，Hanafi M M，Idris A S，et al，2015. Comparative study of lignin in roots of different oil palm progenies in relation to Ganoderma basal stem rot disease [J]. Journal of Oil Palm Research，27（272）：128-134.

Ho C L，Tan Y C，Paterson R R M，et al，2015. Molecular defense response of oil palm to Ganoderma infection. [J]. Phytochemistry，114：168-177.

Ho C L，Tan Y C，Yeoh K A，et al，2018. Transcriptional response of oil palm (*Elaeis guineensis* Jacq. ) inoculated simultaneously with both Ganoderma boninense，and Trichoderma harzianum [J]. Plant Gene，13：56-63.

Kwan Y M，Meon S，Ho C L，et al，2015. Cloning of nitric oxide associated 1 (NOA1) transcript from oil palm (*Elaeis guineensis*) and its expression during Ganoderma，infection [J]. Journal of Plant Physiology，174：131-136.

Lei X T，Xian Y，Xia W，et al，2014. RNA - Seq analysis of oil palm under cold stress reveals a different c - repeat binding factor (CBF) mediated gene expression pattern in *Elaeis guineensis* compared to other species [J]. PloS ONE，9（12）：e114482.

Lim F H, Fakhrana I N, Rasid O A, et al, 2017. Molecular cloning and expression analysis of Ganoderma boninense, cyclophilins at different growth and infection stages [J]. Physiological & Molecular Plant Pathology, 99: 31 - 40.

Nurazah Z, Idris A S, Kushairi A, et al, 2017. Metabolomics unravel differences between Cameroon Dura and deli Dura oil palm (*Elaeis guineensis* Jacq.) genetic backgrounds against basal stem rot [J]. Journal of Oil Palm Research, 29 (2): 227 - 241.

Putranto R A, Syaputra I, Budiani A, 2016. Differential gene expression in oil palm varieties susceptible and tolerant to Ganoderma//The Indonesian Biotechnology Conference Enhancing Industrial Competitiveness Through Biotechnology Innovation [C].

Rakib M R M, Bong C F J, Khairulmazmi A, et al, 2015. Aggressiveness of Ganoderma boninense and G. zonatum isolated from upper - and basal stem rot of oil palm (*Elaeis guineensis*) in Malaysia [J]. Journal of Oil Palm Research, 27 (3): 229 - 240.

Sargolzaei M, Ho C L, Wong M Y, 2016. Characterization of novel type I ribosome - inactivating proteins isolated from oil palm (*Elaeis guineensis*) inoculated with Ganoderma boninense, the causal agent of basal stem rot [J]. Physiological & Molecular Plant Pathology, 94: 53 - 61.

Sundram S, Abdullah F, Zainal Abidin M A, et al, 2008. Efficacy of single and mixed treatments of *Trichoderma harzianum* as biocontrol agents of Ganoderma basal stem rot in oil palm [J]. Journal of Oil Palm Research, 20: 470 - 483.

Sundram S, 2014. The effects of trichoderma in surface mulches supplemented with conidial drenches in the disease development of Ganoderma basal stem rot in oil palm [J]. Journal of Oil Palm Research, 25 (253): 314 - 325.

Tan B A, Daim L D J, Ithnin N, et al, 2016. Expression of phenylpropanoid and flavonoid pathway genes in oil palm roots during infection by Ganoderma boninense [J]. Plant Gene, 7 (C): 11 - 20.

Tan Y C, Muiyun W, Chailing H, 2015. Expression profiles of defence related cDNAs in oil palm (*Elaeis guineensis* Jacq.) inoculated with mycorrhizae and Trichoderma harzianum Rifai T32 [J]. Plant Physiology & Biochemistry, 96: 296.

Tan Y C, Yeoh K A, Wong M Y, et al, 2013. Expression profiles of putative defence – related proteins in oil palm (*Elaeis guineensis*) colonized by Ganoderma boninense [J]. Journal of Plant Physiology, 170 (16): 14 – 55.

Tee S S, Tan Y C, Abdullah F, et al, 2013. Transcriptome of oil palm (*Elaeis guineensis* Jacq.) roots treated with Ganoderma boninense [J]. Tree Genetics & Genomes, 9 (2): 377 – 386.

Xia W, Mason A S, Xiao Y, et al, 2014. Analysis of multiple transcriptomes of the african oil palm (*Elaeis guineensis*) to identify reference genes for RT – qPCR [J]. Journal of Biotechnology, 184: 63 – 73.

Xiao Y, Zhou L X, Xia W, et al, 2014. Exploiting transcriptome data for development and characterization of gene – based SSR markers related to cold tolerance in oil palm (*Elaeis guineensis*) [J]. BMC Plant Biology, 14: 384.

Zain N, Seman I A, Kushairi A, et al, 2013. Metabolite profiling of oil palm towards understanding basal stem rot (BSR) disease [J]. Journal of Oil Palm Research, 25 (1): 58 – 71.

# 第五章 油棕品质性状分子育种

## 第一节 油棕脂肪酸分子育种

脂肪酸是植物油脂的重要组分，一分子的油脂是由三分子脂肪酸和一分子的甘油通过酯键结合的酯类化合物。同时脂肪酸也是细胞的基本组分，在生物体内普遍存在，具有重要的生物学功能。脂肪酸是细胞膜的磷脂双分子层的主要成分之一，也是细胞重要的能源物质，还是一些信号分子的合成前体。

目前在生物体中分离的脂肪酸已有百种以上。脂肪酸由一个长的烃链和一个羧基末端组成。烃链的结构以线性为主，有分支或环状的较少。不同脂肪酸的烃链长度、饱和程度、双键的位置差异较大。根据脂肪酸的饱和程度，可以将脂肪酸分为饱和脂肪酸（Saturated Fatty Acid，SFA）、单不饱和脂肪酸（Monounsaturated Fatty Acid，MUFA）和多聚不饱和脂肪酸（Polyunsaturated Fatty Acid，PUFA），其中 MUFA 和 PUFA 统称为不饱和脂肪酸。根据烃链的长短，可以将脂肪酸分为短链脂肪酸（Short Chain Fatty Acid，SCFA），碳链上的碳原子数小于 6；中链脂肪酸（Medium Chain Fatty Acid，MCFA），碳链上的碳原子数为 6～12；长链脂肪酸（Long Chain Fatty Acid，LCFA），碳链上的碳原子数大于 12。

## 一、脂肪酸合成与降解代谢

### （一）脂肪酸合成

#### 1. 饱和脂肪酸生物合成

植物脂肪酸合成的主要场所是质体和内质网，而种子的脂肪酸则是在未分化的质体中完成。在植物种子的发育形成过程中，种子中的蔗糖为脂肪酸的合成提供碳源，在糖酵解过程中被转化成丙酮酸，之后在丙酮酸脱氢酶的作用下生成乙酰辅酶 A（乙酰-CoA）。乙酰-CoA 是脂肪酸合成的前体物质，它被羧化后在脂肪酸合成酶（Fatty Acid Synthase，FAS）和酰基载体蛋白硫酯酶（Acyl-ACP Thioesterase，FAT）等一系列酶的催化作用下完成饱和脂肪酸的合成。其中，脂肪酸合成酶由 6 种酶组成，分别是酰基载体蛋白（ACP）、丙二酸单酰 CoA-ACP 转移酶（MCAT）、$\beta$-酮脂酰-ACP 合酶、$\beta$-酮脂酰-ACP 还原酶（KR）、$\beta$-羟脂酰-ACP 脱水酶（HD）和烯酯酰-ACP 还原酶（ER）。在乙酰-CoA 羧化酶的作用下，乙酰-CoA 转变成丙二酰辅酶 A（Malonyl-CoA），之后与酰基载体蛋白结合，在脂肪酸合成酶的作用下进行一系列的聚合、还原、脱水等反应，最终生成 16～18 碳的饱和脂肪酸（图 5-1）。

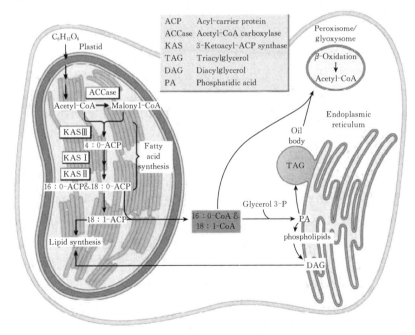

图 5-1 植物细胞内脂肪酸和甘油三酯合成示意图

（Buchanan 等，2000）

## 2. 不饱和脂肪酸的生物合成

在高等植物中，不饱和脂肪酸的合成有原核途径与真核途径两种途径。原核途径一般只存在于叶绿体中，如 18 碳不饱和脂肪酸的合成；真核途径存在于内质网和叶绿体中，如 16 碳不饱和脂肪酸的合成。

在植物体中，多数不饱和脂肪酸是由饱和脂肪酸去饱和作用形成的，根据底物特异性，植物脂肪酸去饱和酶可分为 $\omega-6$ 脂肪酸去饱和酶、脂酰- ACP 去饱和酶和 $\omega-3$ 脂肪酸去饱和酶。脂酰-ACP 去饱和酶是植物中已发现的唯一一种可溶性去饱和酶，已从葡萄、菠菜、土豆、油菜和蓖麻等植物中分离得到。该酶只存在于植物的叶绿体或者质体的基质中，目前研究的最多的是硬脂酰ACP 脱饱和酶 SAD，它的功能是在硬脂酰 ACP 的第 $9\sim10$ 碳间插入双键。$\omega-6$ 脂肪酸去饱和酶包括位于内质网膜上的 FAD12 和质体膜 FAD4 以及 FAD6，它们的作用是在单烯脂肪酸 $\omega-6$ 处引入双键。其底物为甘油酯中酯化的脂肪酸或者与糖脂结合的脂肪酸，如 FAD2 和 FAD6 等。$\omega-3$ 脂肪酸去饱和酶的作用是在双烯脂肪酸的 $\omega-3$ 处引入双键形成三烯脂肪酸，被认定为三烯脂肪酸形成的限速酶。根据亚细胞定位的不同，$\omega-3$ 脂肪酸去饱和酶可分为三类：FAD3、FAD7 和 FAD8，其中 FAD3 定位在内质网上，另外两类被定位在质体上。

在叶绿体基质中，$\Delta-9$ 脂肪酸去饱和酶能在软脂酸和硬脂酸碳链的第 $9\sim10$ 位碳之间引入双键，使它们分别变成单不饱和脂肪酸棕榈油酸和油酸。之后，它们被转移到其他细胞器上进一步去饱和。油酸在叶绿体和内质网膜上的 $\omega-6$ 脂肪酸去饱和酶、$\omega-3$ 脂肪酸去饱和酶和（或）$\Delta-6$ 脂肪酸去饱和酶的作用下分别形成亚油酸、$\alpha$-亚麻酸和（或）$\gamma$-亚麻酸。然而在高等植物中，一般只合成 $\alpha$-亚麻酸，只有少数能够生成 $\gamma$-亚麻酸。

## 3. 超长链脂肪酸的生物合成

脂肪酸从头合成只形成软脂酸，要合成超长链脂肪酸，需要以从头合成的 $16\sim18$ 碳饱和脂肪酸为底物，同时必须借助锚定在内质网上的脂肪酸延长酶的催化作用。脂肪酸延长酶属于膜定位多酶复合体，由 β-酮脂酰-CoA 合酶（KCS）、β-酮脂酰-CoA 还原酶（KCR）、β-羟脂酰-CoA 脱水酶（HCD）和反式烯酯酰-CoA 还原酶（ECR）组成，分别催化缩合、还原、脱水和再还原过程。脂肪酸延长酶的功能与脂肪酸合酶相似，只是脂肪酸延长酶的底物是中、长链酰基-CoA，且以酰基-CoA 的形式参与反应（图 5-2）。

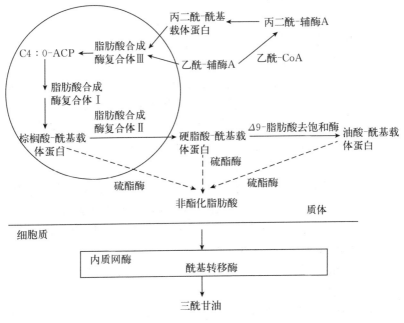

图 5-2 脂肪酸合成代谢路径

(Parveez 等，2015)

超长链脂肪酸的生物合成有两个阶段，首先在细胞质中合成 16～18 碳饱和脂肪酸；之后这些脂肪酸被转移到内质网中，由脂肪酰-CoA 延长酶催化产生不同链长的超长链脂肪酸，由 CoA 携带延长所需的酰基碳链。

**（二）脂肪酸的降解**

甘油三酯首先在脂肪酶的催化下分解成甘油和游离脂肪酸。脂肪酸氧化分解的方式有 $\beta$-氧化和特殊氧化方式。特殊氧化方式主要有丙酸氧化、$\alpha$-氧化、$\omega$-氧化。氧化过程可概括为活化、转移、$\beta$ 氧化及最后经三羧酸循环被彻底氧化生成 $CO_2$ 和 $H_2O$ 并释放能量几个阶段。

（1）脂肪酸的活化：脂肪酸首先需被活化，在 ATP、CoA-SH、$Mg^{2+}$ 存在下，脂肪酸由位于内质网及线粒体外膜的脂酰-CoA 合成酶催化生成脂酰-CoA。

（2）脂酰-CoA 的转移：脂肪酸的活化是在胞液中进行的，而催化脂肪酸氧化的酶系又存在于线粒体基质内，故活化的脂酰-CoA 必须先进入线粒体才能氧化，但已知长链脂酰辅酶 A 是不能直接透过线粒体内膜的，因此活化的脂酰-CoA 要借助 L-肉碱（L-camitine）（即 L-3-羟基-4-三甲基铵丁酸）被转运入线粒体内，在线粒体内膜的外侧及内侧分别有肉碱脂酰转移酶Ⅰ和酶Ⅱ，两者为同工酶。位于内膜外侧的酶Ⅰ，促进脂酰-CoA 转化为脂酰肉碱，后者可借助线粒体内膜上的转位酶（或载体）转运到内膜内侧，然后，在酶Ⅱ催化下脂酰肉碱释放肉碱，后又转变为脂酰-CoA。这样原本位于胞液的脂酰-CoA 穿过线粒体内膜进入基质而被氧化分解。一般 10 个碳原子以下的活化脂肪酸不需经此途径转运，而直接通过线粒体内膜进行氧化。

（3）脂酰-CoA 的 $\beta$ 氧化：脂酰-CoA 进入线粒体基质后，在脂肪酸 $\beta$ 氧化酶系催化下，进行脱氢、加水，再脱氢及硫解，使脂酰基断裂生成一分子乙酰-CoA 和一分子比原来少了两个碳原子的脂酰-CoA。因反应均在脂酰-CoA 烃链的 $\alpha$、$\beta$ 碳原子间进行，最后 $\beta$ 碳被氧化成酰基，故称为 $\beta$-氧化。

（4）硫解：在 $\beta$-酮脂酰-CoA 硫解酶（$\beta$-ketoacyl-CoA thiolase）作用下，$\beta$-酮脂酰-CoA 被一分子 CoA 所分解，生成一分子乙酰-CoA 和一分子比原来少两个碳原子的脂酰-CoA。少了两个碳原子的脂酰-CoA 可再次进行脱氢、水化、再脱氢和硫解反应，每经历上述几步后即脱下 1 个二碳单位（乙酰-CoA）。

## 二、棕榈油与棕榈仁油脂肪酸组成特点

棕榈油是以成熟的油棕果肉（植物学中称中果皮）为原料榨出的油。棕榈油的脂肪酸以棕榈酸和油酸为主，这两种脂肪酸含量占总脂肪酸含量的83%，棕榈油中的亚油酸和亚麻酸等多不饱和脂肪酸含量较低，仅为总脂肪酸含量的10.5%。棕榈仁油是以油棕果种仁为原料榨出来的油。棕榈仁油的脂肪酸以月桂酸、豆蔻酸和油酸为主，这三种脂肪酸占总脂肪酸含量的79%（表5-1）。

**表5-1　棕榈油和棕仁油主要脂肪酸组成**

（Lentner 等，1981）

| 脂肪酸 | 分子式 | 棕榈油中含量（%） | 棕榈仁油中含量（%） |
|---|---|---|---|
| 辛酸（C8：0） | $C_8H_{16}O_2$ | — | 4.2 |
| 癸酸（C10：0） | $C_{10}H_{20}O_2$ | — | 3.7 |
| 月桂酸（C12：0） | $C_{12}H_{24}O_2$ | — | 48.7 |
| 豆蔻酸（C14：0） | $C_{14}H_{28}O_2$ | 1.1 | 15.6 |
| 棕榈酸（C16：0） | $C_{16}H_{32}O_2$ | 43.5 | 7.5 |
| 硬脂酸（C18：0） | $C_{18}H_{36}O_2$ | 4.3 | 1.8 |
| 油酸（C18：1） | $C_{18}H_{34}O_2$ | 39.8 | 14.8 |
| 亚油酸（C18：2） | $C_{18}H_{32}O_2$ | 10.2 | 2.6 |
| 亚麻酸（C18：3） | $C_{18}H_{30}O_2$ | 0.3 | — |

## 三、脂肪酸合成相关基因定位与克隆

在油棕基因组序列公布前，为获得控制油棕脂肪酸合成基因位点，往往采用 QTL 定位的方法寻找关键位点。因为非洲油棕和美洲油棕果实脂肪酸组分存在显著差异，一般采用种间杂交群体来定位脂肪酸合成 QTL 位点，特别是对于不饱和脂肪酸。

为继续改良油棕脂肪酸组分，Singh 等（2009）在哥伦比亚美洲油棕和尼日利亚非洲油棕杂交群体中构建连锁图谱，检测影响碘值和脂肪酸组分的 QTL，最终定位到影响碘值、肉豆蔻酸、棕榈酸、

棕榈油酸、硬脂酸、油酸和亚油酸含量的 QTL 位点（图 5 - 3）。

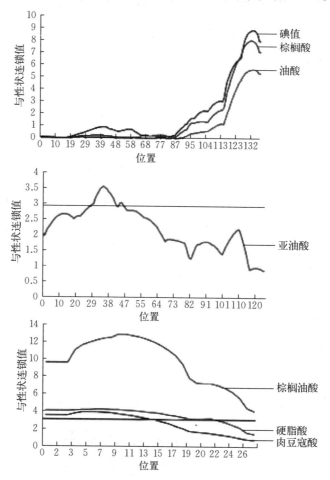

图 5 - 3　油棕碘值和脂肪酸组分 QTL 定位

　　Montoya 等（2013）利用美洲油棕与非洲油棕回交群体定位控制脂肪酸组分的 QTL 位点，连锁图谱全长 1 485 cM，16 个连锁群，共有 362 个 SSR 标记。共定位到 19 个与棕榈油脂肪酸组分相关的 QTL 位点，并且对油酸合成相关的 *FATA* 和 *SAD* 基因进行 SNP 标记分析。

　　由于非洲油棕和美洲油棕脂肪酸组分的显著差异，以及美洲油棕不饱和脂肪酸含量变异较为丰富，利用非洲油棕和美洲油棕种间杂交群体定位脂肪酸 QTL 位点是有效的途径。Montoya 等（2014）在 LM2T 和 DA10D 杂交群体中利用 SSR 标记定位到影响脂肪酸组分和碘值的 16 个 QTL 位点，解释的表型变异为 10%～36%。其中 1 个 QTL 位点对棕榈酸的表型变异解释率为 29%，2 个 QTL 位点对硬脂酸的表型变异解释率为 68%，3 个 QTL 位点对油酸的表型变异解释率为 50%，1 个 QTL 位点对亚油酸的表型变异解释率为 25%，2 个 QTL 位点对碘值的表型变异解释率为 40%。

　　相比非洲油棕，美洲油棕果实中含有更多的不饱和脂肪酸，因此可以通过将美洲油棕优良等位基因导入非洲油棕中，改良脂肪酸组分。为找到控制油棕脂肪酸组分的位点，Ting 等（2016）利用美洲油棕和非洲油棕杂交群体定位控制碘值和脂肪酸组分的 QTL 位点（图 5-4），定位到控制碘值和脂肪酸组

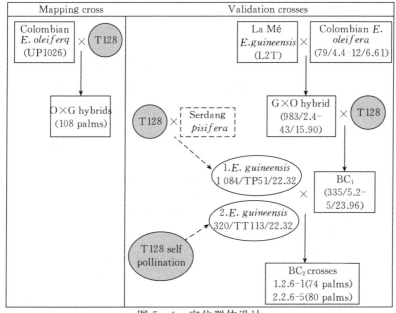

图 5-4　定位群体设计

分的 10 个主效和 2 个潜在 QTL 位点（图 5－5），其中控制碘值和棕榈酸和主效 QTL 解释表型变异的 $60.0\%\sim69.0\%$。定位到的基因组区间包含脂肪酸和油脂合成的关键基因，包括 *FATB*、*HIBCH*、*BASS2*、*LACS4*、*DGAT1* 和转录因子 *WRI1*（图 5－6）。

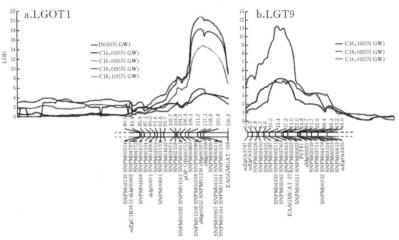

图 5－5　在非洲和美洲油棕杂交群体中定位到的控制碘值和脂肪酸组分的 QTL 位点

目前，油棕脂肪酸合成相关基因的克隆还较少，其调控脂肪酸合成的分子机制研究还不深入。随着油棕基因组序列的公布和研究技术手段的发展，相信油棕脂肪酸合成基因的克隆速度会加快（表 5－2）。

表 5－2　油棕脂肪酸生物合成基因

（Parveez 等，2015）

| 中文名称 | 英文名 | 缩写 |
|---|---|---|
| 酮脂酰-酰基载体蛋白合酶 | Ketoacyl ACP synthase | KAS |
| 棕榈酰-酰基载体蛋白硫酯酶 | Palmitoyl－ACP thioesterase | PAT |
| 硬脂酰-酰基载体蛋白去饱和酶 | Stearoyl ACP desaturases | SAD |
| 油酰辅酶 A 去饱和酶 | Oleoyl－CoA desaturase | OCD |

（续）

| 中文名称 | 英文名 | 缩写 |
|---|---|---|
| 乙酰辅酶 A 羧化酶 | Acetyl - CoA carboxylase | ACCase |
| 溶血磷脂酸酰基转移酶 | Lysophosphatidic acid acyltransferase | LPAAT |
| 甘油 - 3 - 磷酸转移酶 | Glycerol 3 - phosphate transferase | GPAT |
| 酮硫解酶 | $\beta$ - Ketothiolase | phaA |

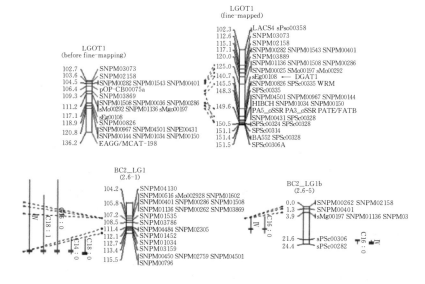

图 5 - 6　精细定位找到脂肪酸合成相关基因

## 1. 乙酰-CoA 羧化酶

乙酰-CoA 羧化酶（ACCase）属于生物素包含酶，在植物体内催化乙酰辅酶 A 羧化形成丙二酰辅酶 A，是控制植物叶片和种子脂肪酸和许多次生代谢产物的合成关键酶和限速酶，是碳流进入脂肪酸生物合成的重要调控位点。生物体中 ACCase 有两种类型，一种是异质型（Heteromeric），也称多亚基或原核型 ACCase，存在于细菌及双子叶植物和非禾本科单子叶植物的质体中，异质型 ACCase 包含 4 个亚基，即生物素羧化酶（Biotin Carboxylase，

BC)、生物素羧基载体蛋白（Biotin Carboxyl Cartier Protein，BC-CP）以及羧基转移酶（Carboxyltransferase，CT）的两个亚基 $\alpha$-CT 和 $\beta$-CT，其中前两个亚基组成 BC 和 BCCP 域，后两个亚基构成 CT 催化域。另一种 ACCase 称为同质型（Homomeric），亦称多功能或真核型，存在于动物、酵母、藻类及植物的胞质溶胶中，具有一个分子质量为 220~260 ku 的生物素包含亚基。这类单亚基 ACCase 含有 3 个功能域，在序列上对应于异质型 ACCase 的 BC、BCCP、$\beta$-CT 和 $\alpha$-CT 组分。迄今，已从拟南芥、大豆、豌豆、油菜、烟草、马铃薯、椰子等多种植物中克隆到异质型 AC-Case 亚基的编码基因。在植物质体异质型 ACCase 的 4 个亚基中，只有 $\beta$-CT 由叶绿体基因组编码，编码基因与大肠杆菌 $accD$ 基因同源，其他 3 个亚基则由核基因组编码。在拟南芥和油菜中的研究表明，提高乙酰-CoA 羧化酶的活性能够显著提高油脂的合成，而通过基因沉默降低它的活性则导致乙酰辅酶 A 合成其他物质，降低油脂的合成。Gengenbach 等（2005）在高产油黄豆品种和低产油黄豆品种间进行 $ACC$ 基因表达量的比较分析，发现 $ACC$ 基因在高油黄豆中的表达量是低油黄豆的 2 倍，特别是在发育的早期和中期，这些结果表明 $ACC$ 基因的表达与黄豆脂肪酸的积累具有较高的相关性。Nugkaew 等（2005）在油棕的中果皮中克隆了 $ACC$ 基因的 $\beta$ 亚基，通过表达分析推测，增强乙酰辅酶 A 羧化酶的活性能够增加脂肪酸的合成。肖勇（2017）等基于油棕基因组数据库，在油棕中鉴定了 2 个编码 ACC 酶的基因，即 $EgACC1$ 和 $EgACC2$，对其进行表达分析发现，$EgACC1$ 在不同组织中都没有表达，而 $EgACC2$ 在所有组织中都有表达，在组培苗和发育 21 d 的油棕果中有较高的表达量。有学者将油棕种子储藏蛋白的启动子与拟南芥的 $ACC$ 基因连接，并转化到油菜中，转基因植株的脂肪酸含量增加 5.0%~6.4%。

**2. $\beta$-酮脂酰 ACP 合酶**

$\beta$-酮脂酰-ACP 合酶有三种形式：KAS I、KAS II 和 KAS III。$\beta$-酮脂酰-ACP 合酶家族成员能够催化丙二酰-ACP 和 acyl-

ACP 缩合形成 $\beta$-酮脂酰- ACP。KASⅢ 催化 acetyl - CoA 和 malo-nyl - ACP 形成 C4：0 - ACP，KASI 催化 C4：0 - ACP 延长形成 C16：0 - ACP，KASⅡ 催化 C16：0 - ACP 延长形成 C18：0 - ACP。*KAS Ⅱ* 和 *KAS Ⅲ* 表达水平的改变可以引起植物种子含油量和脂肪酸组成的改变。Dehesh 等（2007）在油菜中过量表达萼距花的 *KAS Ⅲ* 基因，提高了油菜种子中 C16：0 软脂酸的含量，同时伴随着脂肪合成速率和种子含油量的降低，这暗示着植物体内 KASⅢ 活性的提高导致 FAS 复合体活性的变化。利用 RNAi 技术降低拟南芥中 *KAS Ⅱ* 的表达可以显著提高 C16：0 软脂酸含量，转基因后代种子中软脂酸含量可达到 53%。目前，已经从拟南芥、水稻、大豆、花生、蓖麻、麻疯树、向日葵、油桐等多种植物中克隆到编码 *KAS* 的基因。Umi 和 Sambanthamurthi（1997）对非洲油棕、美洲油棕和杂交油棕的不饱和脂肪酸含量与 KAS Ⅱ 的酶活性进行关联分析，发现碘值和 C18 不饱和脂肪酸的含量与 KASⅡ 的活性呈很强的正相关性。

**3. 酰基 ACP 硫酯酶**

　　酰基 ACP 硫酯酶的主要作用是催化酰基 ACP 水解成游离脂肪酸和 ACP，随后游离脂肪酸运出质体，在细胞质中重新合成脂肪酸，然后酯化形成甘油三酯。大多数植物质体中合成的脂肪酸主要是油酸。酰基 ACP 硫酯酶又分为油酸酰- ACP 和棕榈酰- ACP 酶。在富含棕榈酸的油棕果肉中棕榈酰- ACP 酶的活性最高，这表明棕榈油的组分与酰基 ACP 硫酯酶关系密切，采用基因工程手段改变油酸酰- ACP 和棕榈酰- ACP 酶的活性，是提高棕榈油油酸含量的重要途径之一。

**4. 硬脂酰 ACP 去饱和酶**

　　硬脂酰 ACP 去饱和酶的主要作用是催化硬脂酸降低饱和度形成油酸。ACP 去饱和酶在油棕果肉中活性较高，能够迅速将硬脂酸催化成油酸。因此，通过基因工程手段提高硬脂酰 ACP 去饱和酶的活性有望提高棕榈油的油酸含量。Sun 等（2016）采用 RACE 的方法在油棕果实中克隆了参与亚油酸生物合成的 $\Delta12$ 脂肪酸去饱和酶基因（*EgFAD2*），表达分析发现 *EgFAD2* 在油棕开花后 120～140 d（油棕果肉发育的第四个时期）表达量达到最大值，在酿酒酵母中表达 *EgFAD2* 基因，转基因菌株能够产生大量亚油酸。随着油棕转化体系和组织培养技术的成熟，通过分子育种手段提高棕榈油的油酸含量将是未来油棕育种的重要途径。

### 5. 油酰基-CoA 去饱和酶

油酰基-CoA 去饱和酶的主要作用是在细胞质中催化油酸去饱和形成亚油酸和亚麻酸，反应过程需要 CoA 作为辅因子。有学者研究发现下调编码油酰基-CoA 去饱和酶基因的表达量，抑制油酸去饱和形成亚油酸和亚麻酸，导致油酸的含量显著提高。

除了功能基因以外，还有大量的转录因子参与油棕脂肪酸的合成，其中 *EgWRI1* 的功能已经被多个研究证实。采用转录组测序的方法对产油量差异明显的油棕厚壳种、薄壳种和无壳种的不同时期的中果皮和胚乳进行比较分析，发现 *EgWRI1* 表达量与产油量呈明显正相关，而且在 338 个油脂合成相关基因中，207 个基因含有 *WRI* 转录因子的 AW 特殊结合模序。在拟南芥 *WRI1* 突变体中的互补试验也表明 *EgWRI1* 是油棕杂交种高产油量的关键基因（彩图 9）。

油棕中果皮含油量高，而胚乳和胚中的含油量则较低，为理解其中的分子机制，比较油棕中果皮、胚乳和胚中脂肪酸组分的转录组差异，发现胚乳中脂肪酸组分主要是月桂酸，中果皮中主要是棕榈酸和油酸，胚中主要是亚油酸（图 5-7）。中果皮和种子组织中细胞质和质体的糖酵解途径差异明显，但是蔗糖转化为丙酮酸相关基因转录模式与含油量的变异没有相关性。月桂酸的积累依赖于特异的酰基-酰基载体蛋白硫脂酶表达量和三酰甘油异构体组装的急剧上升。筛选到三个 *WRI1* 转录因子，其中 *EgWRI1-1* 和 *EgWRI1-2* 在中果皮和胚乳油脂积累过程中大量表达。在胚中没有检测到这三个 *WRI1* 基因的表达。脂肪酸合成基因的转录水平与 *WRI1* 转录和含油量密切相关。烟草叶片三酰甘油和脂肪酸组分含量变化与不同油棕 *WRI1* 和 *FatB* 基因表达量证实了转录组分

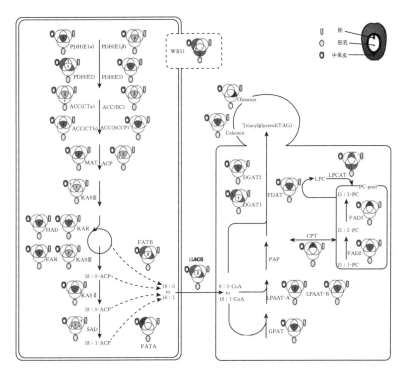

图5-7 油棕果实质体和内质网中脂肪酸合成途径及相关基因转录模式
(Stéphane 等，2013)

析中推断的基因功能。

## 四、油棕脂肪酸分子育种现状

油棕是多年生木本植物，从播种到结果需要较长时间的营养生长期，常规的杂交育种周期长，而且油棕种植的株行距较大，每公顷仅种植 135～165 株，若按常规育种及种植后再进行油酸含量评价，将消耗大量的人力、物力和土地资源。MPOB 对其油棕种质资源圃中油棕单株的油酸含量进行评价分析发现，油酸（C18∶1）含量的变异范围在 37%～40%，其中 15 株油酸含量超过 48%（表5-3），这些油棕单株可作为高油酸种质，用于高油酸育种。

表 5-3 高油酸育种群体

(Lsa 等,2006)

| 编号 | 子代 | 亲本 | 果实类型 | FFB[kg/(株·年)] | C16:0(%) | C18:0(%) | C18:1(%) | C18:2(%) | C18:3(%) | 碘值 |
|---|---|---|---|---|---|---|---|---|---|---|
| 0.290/252 | PK1177 | 0.150/2333×0.150/2333 | Dura | 182.5 | 37.1 | 3.4 | 50.2 | 8.4 | 0.2 | 58.3 |
| 0.290/1593 | PK1215 | 0.151/1662×0.151/146 | Dura | 174.6 | 34.5 | 4.0 | 50.3 | 10.2 | 0.3 | 61.7 |
| 0.290/2577 | PK1145 | 0.151/1276×0.150/5375 | Dura | 171.0 | 34.8 | 4.5 | 48.1 | 11.5 | 0.3 | 62.1 |
| 0.292/9 | PK1151 | 0.150/1969×0.150/1969 | Dura | 176.5 | 32.0 | 5.1 | 51.5 | 10.2 | 0.3 | 62.9 |
| 0.292/10 | PK1151 | 0.150/1969×0.150/1969 | Tenera | 192.0 | 33.7 | 4.5 | 49.7 | 11.1 | 0.3 | 62.7 |
| 0.292/20 | PK1021 | 0.149/14388×0.149/12279 | Tenera | 229.4 | 37.0 | 4.1 | 48.9 | 8.9 | 0.3 | 58.2 |
| 0.292/818 | PK1105 | 0.149/11526×0.149/11526 | Tenera | 184.5 | 34.5 | 5.4 | 48.0 | 11.4 | 0.2 | 61.5 |
| 0.292/905 | PK1138 | 0.150/1837×0.150/1544 | Tenera | 140.8 | 34.5 | 5.4 | 49.3 | 10.0 | 0.1 | 60.1 |
| 0.292/1236 | PK1151 | 0150/1969×0.150/1969 | Tenera | 142.2 | 31.9 | 6.2 | 52.5 | 8.5 | 0.3 | 60.7 |
| 0.306/319 | PK540 | 0.151/128×0.151/128 | Tenera | 145.8 | 34.2 | 5.2 | 48.9 | 11.2 | 0.2 | 61.8 |
| 0.337/172 | PK1254 | 0.150/5976×0.150/5978 | Tenera | 196.85 | 35.8 | 3.8 | 49.5 | 9.9 | 0.2 | 60.3 |
| 0.337/186 | PK1201 | 0.150/2360×0.150/1969 | Tenera | 273.5 | 33.6 | 7.1 | 48.4 | 10.1 | 0.2 | 59.6 |
| 0.337/249 | PK1254 | 0.150/5976×0.150/5978 | Tenera | 209.0 | 33.8 | 6.8 | 48.9 | 9.6 | 0.2 | 59.2 |
| 0.337/506 | PK1201 | 0.150/2360×0.150/1969 | Tenera | 218.0 | 34.0 | 5.0 | 48.8 | 11.2 | 0.2 | 62.1 |
| 0.337/1062 | PK1040 | 0.150/1714×0.150/1544 | Tenera | 179.0 | 35.1 | 5.7 | 48.4 | 9.9 | 0.3 | 59.7 |
| 平均值 | | | | | | | 49.4 | | | 60.7 |
| 栽培种 D×P | | | | | | | 37~40 | | | 50 |

　　分子标记辅助育种是一种利用分子标记与决定目标性状基因紧密连锁的特点，通过检测分子标记，即可检测到目的基因的存在，达到选择目标性状的目的，具有快速、准确、不受环境条件干扰的优点，而且能够在苗期对油棕脂肪酸相关品质进行鉴定。目前已有大量的研究者对油棕分子标记展开研究，开发了大量与油棕脂肪酸产量和组分连锁的分子标记。QTL 定位和关联分析已经定位到了一些与油棕脂肪酸合成相关的连锁分子标记。这些分子标记为辅助油棕育种、缩短育种周期奠定了理论基础。对编码油棕硬脂酰-酰基载体蛋白脱氢酶（Stearoyl Acyl - carrier - protein Desaturase，SAD）基因的 9 个（4 个在外显子上，5 个在内含子上）SNP 位点进行分析，开发了可检测油酸含量等位基因特异性单核苷酸扩增多态性标记。随着大量分子标记的开发以及油棕基因组测序工作的完成，分子标记辅助育种将在油棕脂肪酸分子育种中扮演重要角色（图 5 - 8）。

图 5 - 8　油棕油酸合成相关基因 SAD 的 SNP 标记在不同材料间的多态性
（Borlay 等，2017）

　　转基因育种是植物定向遗传改良的重要手段，目前已有研究人员开展油棕转基因提高脂肪酸产量和改良脂肪酸组分相关的研究。在拟南芥中超量表达 *EgWRI1 - 1*，发现转基因植株的种子大小和含油量显著高于野生型，采用凝胶电泳迁移率分析发现 *EgNF - YA3* 能够直接与 *EgWRI1 - 1* 互作，与 *EgNF - YC2* 和 *EgABI5* 形成转录复合物，正调控油脂合成代谢途径中的基因表达，而 *EgWRKY40* 与 *EgABI5* 互作，负调控油脂合成代谢途径中的基因表达（图 5 - 9）。

　　罗婷婷等（2017）对油棕脂肪酸合成代谢过程中的脂酰基硫脂

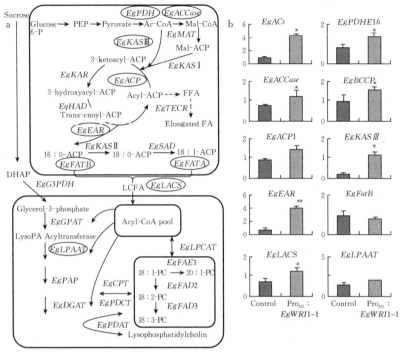

图 5-9 *WRI1* 调控脂肪酸合成相关基因表达

a. 质体和内质网中脂肪酸合成途径；

b. 不同基因在对照和转基因株系中的表达量

（Yeap 等，2017）

酶（Fatty Acid Thioesterase，FAT）基因进行克隆，发现油棕中存在 3 个编码 FAT 的基因 *EgFATB1*、*EgFATB2* 和 *EgFATB3*。在拟南芥中过量表达 *EgFATB1*、*EgFATB2* 和 *EgFATB3* 后发现转基因植株生长发育缓慢，生育期稍有延长，对其脂肪酸含量进行测定发现转基因植株中的脂肪酸比例发生较大差异。与野生型拟南芥相比，超量表达 *EgATB1* 的植株棕榈酸含量由 7% 上升至 32%，硬脂酸含量由 3% 上升至 6%，油酸含量由 21% 下降至 10%，亚油酸含量由 32% 下降至 23%，亚麻酸含量由 14% 下降至 10%，花生酸含量由 1.8% 上升至 3.7%，花生一烯酸由 21% 下降至 10%；超

量表达 *EgATB2* 的植株棕榈酸含量由 9% 上升至 46%，硬脂酸含量由 3% 上升至 10%，油酸含量由 20% 下降至 6%，亚油酸含量由 28% 下降至 11%，亚麻酸含量由 19% 下降至 7%，花生酸含量基本保持不变，花生一烯酸含量由 20% 下降至 7%；超量表达 *EgATB3* 的植株棕榈酸含量由 10% 上升至 20%，油酸含量由 11% 上升至 18%，亚油酸含量由 33% 下降至 24%，亚麻酸由 16% 下降至 12%，花生一烯酸含量由 23% 下降至 10%，硬脂酸和花生酸含量基本保持不变，但发现转基因植株中出现月桂酸和豆蔻酸。

　　目前对于油棕脂肪酸分子育种的研究还在分子标记的开发和脂肪酸代谢相关酶基因的功能解析阶段，通过分子生物技术选育的油棕新品种还少见报道。

# 第二节　油棕维生素 E 分子育种

　　维生素 E 是一类具有 $\alpha$-生育酚生物活性的脂溶性维生素，依据其疏水性微端的饱和度可以分为生育酚（Tocopherol）和三烯生育酚（Tocotrienol），对动植物、人类都具有十分重要的生理作用。大量的医学研究表明，维生素 E 与生殖系统、中枢神经系统、消化系统、心血管系统和肌肉系统的正常代谢都有密切关系；同时维生素 E 还是治疗冠心病、动脉粥样硬化、贫血、脑软化、肝病和癌症等的辅助药物。其中，生育酚在植物中存在比较普遍，三烯生育酚存在较少。维生素 E 主要在单子叶植物（如谷物、棕榈、玉米等）的胚乳中，食用油脂中的生育酚含量约为 72.37 mg/kg（表 5-4）。

**表 5-4　不同食物中维生素 E 组分**（mg/kg）

（Eitenmiller 和 Junsoo，2004）

| 食物 | 总维生素 E | $\alpha$-生育酚 | $\beta$ 生育酚+<br>$\gamma$-生育酚 | $\delta$-生育酚 |
|------|-----------|---------------|---------------------------|---------------|
| 谷类 | 0.96 | 0.495 | 0.18 | 0.154 |

（续）

| 食物 | 总维生素 E | $\alpha$-生育酚 | $\beta$-生育酚+<br>$\gamma$-生育酚 | $\delta$-生育酚 |
|---|---|---|---|---|
| 豆类 | 4.92 | 0.717 | 2.631 | 1.303 |
| 蔬菜 | 0.75 | 0.466 | 0.102 | 0.156 |
| 水果 | 0.56 | 0.381 | 0.13 | 0.03 |
| 肉类 | 0.42 | 0.308 | 0.097 | 0.01 |
| 乳类 | 0.26 | 0.087 | 0.112 | 0.021 |
| 蛋类 | 2.05 | 1.637 | 0.409 | 0 |
| 水产类 | 1.25 | 0.817 | 0.19 | 0.248 |
| 食用油脂 | 72.37 | 8.17 | 28.33 | 9.739 |

# 一、维生素 E 合成与代谢

生育酚依据芳香环上的甲基数目和位置不同可以分为 $\alpha$、$\beta$、$\gamma$ 和 $\delta$ 四种亚型。其中 $\alpha$ 构型含有三个甲基，$\beta$ 和 $\gamma$ 构型分别在不同的位置含有两个甲基，而 $\delta$ 构型只含有一个甲基。这四种亚型中，$\alpha$ 亚型活性最高，而后依次为 $\beta$、$\gamma$ 和 $\delta$ 型。不同类型的生育酚活性如表5-5所示。

表5-5 不同类型维生素 E 活性

| 生育酚类型 | R1 | R2 | $\alpha$-生育酚相对活性 | |
|---|---|---|---|---|
| | | | $\alpha$-TPP 结合活性 | 维生素 E 活性 |
| $\alpha$-生育酚 | $CH_3$ | $CH_3$ | 100 | 100 |
| $\beta$-生育酚 | $CH_3$ | H | 38 | 25~50 |
| $\gamma$-生育酚 | H | $CH_3$ | 9 | 8~19 |
| $\delta$-生育酚 | H | H | 1.5 | <3 |
| $\alpha$-三烯生育酚 | $CH_3$ | $CH_3$ | 12.5 | 21~50 |
| $\beta$-三烯生育酚 | $CH_3$ | H | nd | nd |
| $\gamma$-三烯生育酚 | H | $CH_3$ | nd | nd |

（续）

| 生育酚类型 | R1 | R2 | $\alpha$-生育酚相对活性 | |
|---|---|---|---|---|
| | | | $\alpha$-TPP 结合活性 | 维生素 E 活性 |
| $\delta$-三烯生育酚 | H | H | nd | nd |

注：nd 表示未检出。

维生素 E 对于人类和动物有重要的作用。人和动物自身不能合成维生素 E，日常营养所需的维生素 E 一般来自绿色植物，特别是各种油类作物的种子，以及由种子所榨取的植物油。

高等植物的维生素 E 主要是在叶绿体中合成的（图 5 - 10）。天然维生素的生物合成主要来自两种途径，一种是以莽草酸途径（Shikimate Pathway）的产物尿黑酸（Homogentisic Acid，HGA）为底物合成维生素 E 的亲水性头部，另一种是质体内非甲羟基戊酸途径（Mthylerythritol Phosphate，MEP）的产物叶绿基二磷酸（Phytyldiphosphate，PDP）和牻牛儿基牻牛儿基二磷酸（Geranylgeranyldiphosphate，GGDP）为底物合成疏水性尾部。酪氨酸代谢产物 $p$-羟苯丙酮酸（$p$-Hydroxyphenylpyruvate，HPP）在 4-羟苯丙酮酸二加氧酶（HPPD）的催化下，生成 HGA。HGA 在尿黑酸叶绿基转移酶的催化下与 PDP 或 GGDP 发生缩合，分别生成 2-甲基-6-叶绿基苯醌（2-Methyl-6-Phytylbenzoquinol，MPBQ）或 2-甲基-6-牻牛儿基牻牛儿基苯醌（2-Metjy-6-Geranygeranylbenzoquinol，MGGBQ）。MPBQ 和 MGGBQ 分别是生育酚和生育三烯酚合成中的第一个确定的中间体。MPBQ 和 MGGBQ 在 MPBQ 甲基转移酶（MPBQ MT）的催化下分别生产 2，3-二甲基-5-叶绿基苯醌（2，3-Dimethyl-6-Phytylbenzoquinonol，DMPBQ）和 2，3-二甲基-5-牻牛儿基牻牛儿基苯醌（2，3-Dimethyl-6-Geranygeranylbenzoquinol，DMGGBQ）。这一步反应决定了最终产物甲基的数目和位置。经过 MPBQ MT 催化反应的最终产物为 $\alpha$-或 $\gamma$-型，反之则为 $\beta$-或 $\delta$-型。然后，在生育酚环化酶的催化下，以 MPBQ 和 DMPBQ 为底物分别生成 $\delta$-

生育酚和 γ-生育酚；以 MGGBQ 和 DMGGBQ 为底物则分别生成 δ-生育三烯酚和 γ-生育三烯酚。最后在 γ-生育酚甲基转移酶的催化下，以 γ-生育酚和 δ-生育酚/生育三烯酚为底物，分别生成 α-生育酚和 β-生育酚/生育三烯酚（图 5-10）。

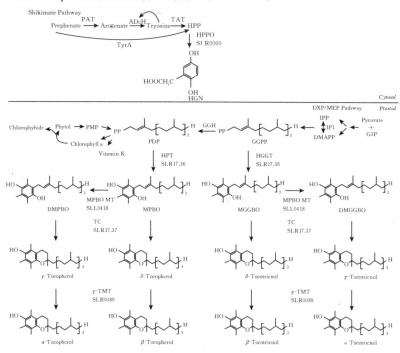

图 5-10　植物维生素 E 合成途径

## 二、棕榈油与棕榈仁油维生素 E 组成特点

油棕果肉中的维生素 E 主要有 α-生育三烯酚、γ-生育三烯酚、δ-生育三烯酚和 α-生育酚四种类型（表 5-6）。棕榈油中的维生素 E 总含量为 600～1 000 mg/kg。不同类型的维生素 E 含量差别较大，其中含量最高的是 γ-三烯生育酚，占总含量的 45%；其次是 α-生育酚和 α-三烯生育酚，分别占总含量的 21% 和 23%；δ-三烯生育酚含量最低，占总含量的 11%。

### 表5-6　棕榈油不同类型生育酚含量

(Jalani 和 Rajanaidu，2000)

| 生育酚 | 百分比（%） |
|---|---|
| $\alpha$-生育酚 | 21 |
| $\alpha$-三烯生育酚 | 23 |
| $\gamma$-三烯生育酚 | 45 |
| $\delta$-三烯生育酚 | 11 |

不同品种的油棕果肉中维生素 E 的组分和含量变异幅度较大。罗婷婷（2017）采用液相色谱对 161 份油棕果肉的维生素 E 组分和含量进行分析发现，$\alpha$-生育三烯酚的含量分布在 0～691.65 mg/kg，变异系数为 50.45%，平均含量为 182.38 mg/kg；$\gamma$-生育三烯酚的含量分布在 96～739 mg/kg，变异系数为 35.04%，平均含量为 298.7 mg/kg；$\delta$-生育三烯酚的含量分布在 0～289.89 mg/kg，变异系数为 58.17%，平均含量为 119.87 mg/kg；$\alpha$-生育酚的含量分布在 0～162.87 mg/kg，变异系数为 69.19%，平均含量为 43.21 mg/kg。

精炼方式对棕榈油中的维生素 E 含量影响较大。红棕榈油的维生素 E 含量为 468 mg/L，Rukmini 和 Azlan 分别对两种不同精炼棕榈油中的维生素 E 进行测定，含量分别为 367 mg/L 和 91.4 mg/L。棕榈油精炼过程中经过脱胶、脱臭、脱色等精炼工序会导致部分维生素 E 的降解和流失。

## 三、维生素 E 合成相关基因克隆

目前的研究发现植物维生素 E 合成过程中至少有 5 种酶直接参与，分别是 4-羟基苯丙酮酸二加氧酶（4-Hydroxyphenylpyruvate Dioxygenase，HPPD）、尿黑酸转移酶（Homogentisate Phytyl Transferase，HPT）、2-甲基-6-叶绿基苯醌甲基转移酶（2-Mehyl-6-phytylbenzoquinol Methyltransferase，MPBQ MT）、生育酚环化酶（Tocopherol Cyclase，TC）和 $\gamma$-生育酚甲基转移

酶（γ - Tocopherol Methyltransferase，γ - TMT）。*HPPD* 基因广泛存在于真菌、细菌和动植物中，各物种间同工酶的氨基酸序列同源性在 25%～95%。拟南芥中编码 *HPPD* 的基因位于 1 号染色体的 PDS1 位点，蓝藻 PCC6803 中编码 *HPPD* 的基因位于染色体的 slr0090 位点（表 5 - 7）。

表 5 - 7　拟南芥和蓝藻 PCC6803 中维生素 E 生物合成途径的关键酶

| 名称 | 缩写 | 拟南芥 | 蓝藻 |
| --- | --- | --- | --- |
| 4 -羟基苯丙酮酸二加氧酶 | HPPD | At1 g06570 | slr0090 |
| 尿黑酸转移酶 | HPT | At2 g18950 | slr1736 |
| 2 -甲基- 6 -叶绿基苯醌甲基转移酶 | MPBQ MT | At3 g63410 | sll0418 |
| 生育酚环化酶 | TC | At4 g32770 | slr1737 |
| γ -生育酚甲基转移酶 | γ - TMT | At1 g64970 | slr0089 |

## 四、维生素 E 分子育种现状

目前，对于油棕维生素 E 分子育种方面的研究还比较少，仅有少量合成相关基因的克隆和基因功能验证的报道。Kong 等（2016）首先采用 RACE 的方法在非洲油棕和美洲油棕上克隆出编码尿黑酸牻牛儿基牻牛儿基转移酶（HGGT）的基因和编码尿黑酸叶绿基转移酶（HPT）的基因，对序列进行生物信息学分析发现 *HGGT* 基因最长的开放阅读框为 1 389 bp，编码 462 个氨基酸，预测的分子质量为 51.6 ku，等电点为 9.51。罗婷婷（2017）对编码油棕 HGGT 的基因进行克隆，序列比对发现非洲油棕和美洲油棕序列相似度达到 99.35%，与大麦、小麦和水稻的相似度分别为 56.89%、55.61%和 57.66%。在拟南芥中超量表达 *EgHGGT* 基因，发现与野生型相比，转基因植株总维生素 E 含量提高了 38%～73%，而且转基因植株中产生了新的维生素类型——α -生育三烯酚，含量为 24 mg/kg。石鹏（2015）等对编码油棕 γ -生育酚甲基转移酶（VTE）的 *VTE4* 基因进行生物信息学分析，发现 VTE 属于不具有信号肽的亲水性蛋白，可能作为转运蛋白在叶绿体中发挥作用，α -螺旋和无规则卷曲大量散布于整个蛋白质二级结构中，具有 S-腺苷甲硫氨酸结合位点和 PLN02244 保守结构域。

MPOB 采用高效液相色谱对其种质资源圃中高维生素 E 含量性状的油棕进行筛选，发现薄壳种的维生素 E 含量显著高于厚壳种，筛选出来的 35 个维生素 E 含量在 1 300～2 496 mg/kg 的油棕单株（表 5-8）。以年产油量>2.5 t/hm² 的厚壳种和年产油量>4.5 t/hm² 的厚壳种为材料构建育种群体。其中 PS8 薄壳种 0.150/500 和 0.150/338 的维生素 E 含量分别为 2 496.57 mg/kg 和 1 364.67 mg/kg，年产油量分别为 8.33 t/hm² 和 11.01 t/hm²。PS8 是从大量的自然变异群体中筛选出维生素 E 含量相对较高的品系进行杂交获得的品种。而对于维生素 E 积累的分子机理，到底是合成相关基因出现变异导致维生素 E 合成增加，还是降解相关基因出现表达导致维生素 E 的降解减少，又或者是相关的调控因子、表观遗传等造成的维生素 E 积累量增加，并不清楚。挖掘油棕维生素 E 积累相关的功能基因和调控的转录因子采用转基因或者基因编辑的方式定向育种，开发与维生素 E 代谢相关基因紧密连锁的分子标记，采用分子标记辅助育种将是未来高维生素 E 含量油棕分子育种的重要手段。

表 5-8 高维生素 E 油棕育种群体
(Kushairi 等，2004)

| 编号 | α-生育酚 | α-三烯生育酚 | γ-生育酚 | γ-三烯生育酚 | δ-三烯生育酚 | 总维生素 E | 产量 kg/(株·年) | 产量 t/(hm²·年) |
|---|---|---|---|---|---|---|---|---|
| 0.150/500 | 448.90 | 528.80 | 181.83 | 986.97 | 356.63 | 2 496.57 | 56.25 | 8.33 |
| 0.22/441 | 571.80 | 227.90 | 31.20 | 593.30 | 259.40 | 1 683.50 | 31.10 | 4.60 |
| 0.150/3752 | 294.20 | 389.70 | 37.80 | 535.30 | 152.20 | 1 409.20 | 51.45 | 7.61 |
| 0.256/166 | 569.70 | 160.80 | 25.10 | 571.40 | 64.90 | 1 391.20 | 45.41 | 6.71 |
| 0.311/84 | 495.90 | 224.30 | 27.80 | 484.00 | 136.80 | 1 368.80 | 31.61 | 4.68 |
| 0.150/338 | 248.80 | 226.53 | 36.43 | 506.90 | 346.00 | 1 364.67 | 74.41 | 11.01 |
| 0.150/4034 | 463.80 | 279.40 | 15.20 | 495.60 | 90.30 | 1 344.30 | 42.41 | 6.28 |
| 0.311/1 | 409.90 | 310.10 | 41.20 | 579.90 | 271.10 | 1 612.00 | 24.62 | 3.64 |

（续）

| 编号 | α-生育酚 | α-三烯生育酚 | γ-生育酚 | γ-三烯生育酚 | δ-三烯生育酚 | 总维生素 E | 产量 | |
|---|---|---|---|---|---|---|---|---|
| | | | | | | | kg/(株·年) | t/(hm²·年) |
| 0.311/262 | 692.00 | 245.40 | 58.50 | 465.60 | 101.80 | 1 563.20 | 16.80 | 2.49 |
| 0.256/247 | 704.20 | 274.70 | 36.60 | 403.60 | 131.40 | 1 550.50 | 15.69 | 2.32 |
| 0.218/1462 | 941.60 | 117.40 | 32.70 | 335.00 | 93.20 | 1 519.90 | 18.97 | 2.81 |
| 0.218/1292 | 409.10 | 378.20 | 20.50 | 463.70 | 89.40 | 1 360.80 | 31.83 | 4.71 |
| 0.152/83 | 260.95 | 287.10 | 28.00 | 549.35 | 214.55 | 1 339.95 | 27.91 | 4.13 |
| 0.311/201 | 562.40 | 255.50 | 20.60 | 420.30 | 77.90 | 1 336.70 | 19.24 | 2.85 |

# 第三节　油棕类胡萝卜素分子育种

## 一、类胡萝卜素合成与代谢

类胡萝卜素是一类脂溶性的色素总称，普遍存在于动物、植物、真菌、藻类体内（Cazzonelli 等，2010）。类胡萝卜素是由 8 个异戊二烯缩合形成的萜类化合物。典型的 C40 类胡萝卜素携带紫罗酮环，环上不同位置的氢原子可被羟基、羰基、环氧基取代，进而形成大量的衍生物（图 5 - 11）。1831 年化学家 Achenrooder 从胡萝卜根中分离得到 $\beta$-胡萝卜素，到目前为止发现的天然或类萝卜素有 800 多种。少数类胡萝卜素以游离态的形式存在，大多数与糖类、蛋白形成结合态存在。

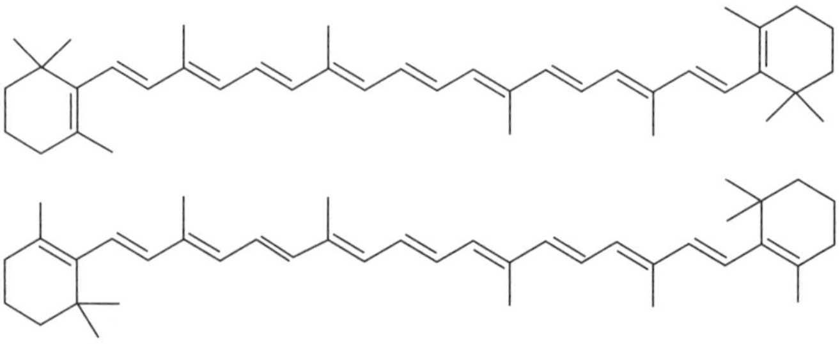

图 5 - 11　$\alpha$ 和 $\beta$ 胡萝卜素结构式

类胡萝卜素具有许多重要的生理功能。植物类胡萝卜素的C40类异戊二烯与多烯链之间存在共轭双键，在可见光下呈现黄色、橙色或红色，使得植物呈现绚丽多彩的颜色，有利于吸引昆虫授粉。类胡萝卜素是植物光合作用的辅助色素，是光合天线和反应中心复合体不可缺少的部分，可以保护叶绿素不受强光的破坏。类胡萝卜素是植物激素脱落酸、独脚金内酯和其他信号物质的前体，这些物质在植物生长发育以及响应逆境胁迫的调节中发挥极其重要的作用。类胡萝卜素也是动物营养的必需成分，大量研究表明，类胡萝卜素能够提高人体免疫力，此外，类胡萝卜素是人体维生素A的重要合成前体物质。维生素A缺乏是发展中国家普遍存在的健康问题，每年都会有至少200万人死于由维生素A缺乏引起的营养不良。而人体本身不能合成类胡萝卜素，只能从食物中获得。因此，近年来类胡萝卜素作为重要的微量营养物质被广泛应用于保健品中。成熟的油棕果实呈棕红色，含有大量的类胡萝卜素，其中 $\alpha$ -胡萝卜素和 $\beta$ -胡萝卜素含量高达 $718\mu g/g$。Canfield 和 Kaminsky（2017）研究发现孕妇食用红棕油之后母乳和婴儿体内的维生素A含量明显提高。

类胡萝卜素合成是从来自 MEP 途径的 C5 前体异戊烯二磷酸（Isopentenyl Diphosphate，IPP）以及甲烯丙基焦磷酸（Dimethylallyl Diphosphate，DMAPP）开始的（图 5-12）。1-脱氧木酮糖-5-磷酸合酶（DXPS）催化 3-磷酸甘油醛（GA-3-P）和丙酮酸缩合形成 1-脱氧木酮糖-5-磷酸（DXP），再由 1-脱氧木酮糖-5-磷酸还原异构酶（DXR）催化生成 2-C-甲基-D-赤藓糖醇-4-磷酸（MEP），然后依次通过 2-C-甲基-D-赤藓糖醇-4-磷酸胞苷转移酶（MCT）、2-C-甲基-D-赤藓糖醇-4-胞苷二磷酸激酶（MCK）、2-C-甲基-D-赤藓糖醇-2，4-环焦磷酸合酶（MCS）、1-羟基-2-甲基-2-丁烯基-4-磷酸合酶（HDS）、IPP/DMAPP 合酶（IDS）的催化，将 MEP 转化为 IPP 和 DMAPP。3 分子的IPP 和 1 分子的 DMAPP 在牻牛儿基牻牛儿基焦磷酸合酶（GGPS）的催化下缩合生成 1 分子的牻牛儿基牻牛儿基焦磷酸（Geranylgeranyl

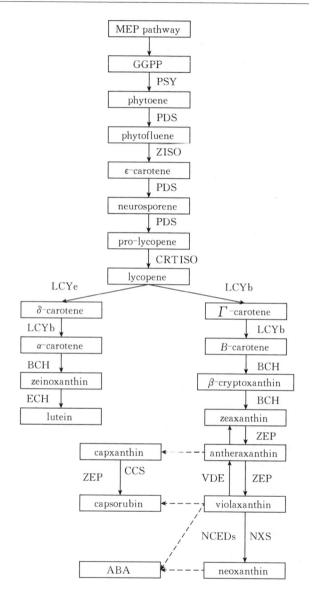

图 5 - 12　植物类胡萝卜素代谢途径

（Cunningham 和 Gantt，1998；Hirschberg，2001；Lu 和 Li，2008；Cazzonelli 和 Pogson，2010；Moise et al，2014；Nisar et al，2015）

Diphosphate，GGPP）。2 分子的 GGPP 在八氢番茄红素合酶（Phytoene Synthase，PSY）催化下尾对尾缩合成 1 分子的八氢番茄红素。八氢番茄红素是无色的，转化成番茄红素后为亮红色。这一过程需要八氢番茄红素脱氢酶（PDS）、$\zeta$-胡萝卜素脱氢酶（ZDS）和类胡萝卜素异构酶（CRTISO）3 种酶的共同催化。这 3 步反应的中间产物分别为 9，9'-二顺式-$\zeta$-胡萝卜素、7，9，7'，9'-四顺式-番茄红素和全反式番茄红素。番茄红素环化是植物体内类胡萝卜素生物合成途径的一个重要分支点，由番茄红素 $\beta$-环化酶（LCYb）和番茄红素-$\varepsilon$-环化酶（LCYe）共同催化完成。在 $\beta$，$\beta$ 分支，LCYb 通过两步催化反应在番茄红素的两个末端各形成一个 $\beta$ 环，使番茄红素先转化为 $\gamma$-胡萝卜素，继而生成 $\beta$-胡萝卜素；在 $\beta$，$\varepsilon$ 分支，番茄红素先在 LCYe 催化下，在其中一端形成 $\varepsilon$ 环，生成 $\delta$-胡萝卜素，继而在 LCYb 催化下，在另外一端形成 $\beta$ 环，生成 $\alpha$-胡萝卜素。胡萝卜素进一步催化添加羟基或环氧基团生成含氧类胡萝卜素。$\alpha$-胡萝卜素在 $\varepsilon$-环羟化酶和 $\beta$-环羟化酶的共同作用下生成叶黄素（Lutein），$\beta$-胡萝卜素在 $\beta$-环羟化酶的作用下转变成 $\beta$-隐黄质，进而生成玉米黄质（Zeaxanthin），玉米黄质在玉米黄质环氧化酶（ZEP）的催化下生成花药黄质（Antheraxanthin），进而生成堇菜黄质（Violaxanthin）。

植物类胡萝卜素可由类胡萝卜素裂解双氧合酶（CCDs）催化下，裂解生成许多天然活性化合物，包括生长调节剂、色素、风味和芳香物质。例如堇菜黄质和新黄质在 9-顺式-环氧类胡萝卜素双氧合酶（NCED）的催化下，裂解生成黄素，黄素进一步转化生成脱落酸，这对植物响应逆境胁迫和果实成熟有非常重要的作用。

## 二、棕榈油与棕榈仁油类胡萝卜素组成特点

油棕果肉中类胡萝卜素含量非常高，因而粗棕榈油外观呈现出特有的橙红色。棕榈油类胡萝卜素的含量也受品种和栽培环境的影响。马来西亚和刚果（金）出产的粗棕榈油中，类胡萝卜素含量为 500～700 mg/kg，尼日利亚的厚壳种生产的粗棕榈油中，类胡萝

卜素含量为 80～1 600 mg/kg，美洲油棕生产的粗棕榈油中，类胡萝卜素含量高达 3 000 mg/kg。对粗棕榈油类胡萝卜素组分和含量进行测定发现，$\alpha$-胡萝卜素和 $\beta$-胡萝卜素是其中含量最高的两种，其次是番茄红素和 $\zeta$-胡萝卜素（表 5-9）。棕仁油中类胡萝卜素含量很低，含量在 12 mg/kg 以下。在油棕果实发育过程中，类胡萝卜素积累呈 S 形增长。

表 5-9　棕榈油类胡萝卜素组分

（Ooi 等，1994）

| 类胡萝卜素 | 组　　　分 | |
| --- | --- | --- |
| | 红棕榈油 | 粗棕榈油 |
| 八氢番茄红素（%） | 2.0±0.3 | 1.3±0.2 |
| 六氢番茄红素（%） | 1.2±0.4 | 0.1±0.1 |
| 顺式-$\beta$-胡萝卜素（%） | 0.8±0.2 | 0.7±0.2 |
| $\beta$-胡萝卜素（%） | 47.4±4.0 | 56.0±2.5 |
| $\alpha$-胡萝卜素（%） | 37.0±2.5 | 35.1±2.7 |
| 顺式-$\alpha$-胡萝卜素（%） | 6.9±1.2 | 2.5±0.2 |
| $\zeta$-胡萝卜素（%） | 1.3±0.4 | 0.7±0.2 |
| $\gamma$-胡萝卜素（%） | 0.5±0.1 | 0.3±0.2 |
| $\delta$-胡萝卜素（%） | 0.6±0.1 | 0.8±0.2 |
| 链孢红素（%） | trace | 0.3±0.1 |
| $\beta$-玉米胡萝卜素（%） | 0.5±0.2 | 0.7±0.2 |
| $\alpha$-玉米胡萝卜素（%） | 0.3±0.2 | 0.2±0.1 |
| 番茄红素（%） | 1.5±0.3 | 1.3±0.4 |
| 总类胡萝卜素（mg/kg） | 550±30 | 670±80 |

## 三、类胡萝卜素合成相关基因克隆

植物类胡萝卜素合成相关酶是由核基因编码的，翻译成蛋白质后转运到质体中的类囊体膜上形成多酶复合体，参与类胡萝卜素的生物合成。目前已经在大量的高等植物、藻类、细菌和真菌中分离出类胡萝卜素合成酶基因，编码约 20 种类胡萝卜素合成酶。

**1. 八氢番茄红素合成酶**（Phytoene Synthase，PSY）

*PSY* 基因是植物类胡萝卜素合成途径上第一个关键限速酶基因，2 分子的 GGPP 在 PSY 催化下缩合生成无色的八氢番茄红素。大多数植物中 *PSY* 基因是一个小的基因家族，含有多个成员。例如番茄、柑橘、木薯、水稻和玉米的 *PSY* 基因家族有 3 个成员，烟草和甜瓜有 2 个成员，而拟南芥仅有 1 个成员。*PSY* 基因家族不同成员表达模式和功能也不同。*PSY1* 主要在果实中表达，与果实中类胡萝卜素含量密切相关。番茄果实成熟过程中，果实特异性 *PSY1* 表达显著增加，引起番茄红素和 $\beta$-胡萝卜素大量积累。番茄 *PSY1* 缺失突变体的果实呈黄色，类胡萝卜素含量显著降低，同时反义抑制 *PSY1* 造成番茄果实中类胡萝卜素不能合成。在油棕、柑橘、辣椒、西瓜等植物中的研究发现，随着果实成熟，*PSY* 表达增加，总类胡萝卜素含量增加。而 *PSY* 基因家族的另外两个成员，*PSY2* 主要在叶片中表达，*PSY3* 在植物根中表达，参与逆境诱导的 ABA 和 SL 合成。

**2. 八氢番茄红素脱氢酶**（PDS）、**$\zeta$-胡萝卜素异构酶**（ZISO）、**$\zeta$-胡萝卜素脱氢酶**（ZDS）**和胡萝卜素异构酶**（CRTISO）

八氢番茄红素经过脱氢和异构化后形成番茄红素。脱氢过程是类胡萝卜素合成中重要的限速控制环节，脱氢反应由 PDS 和 ZDS 催化完成，且需要质体醌或质体末端氧化酶作为辅助因子，帮助其结合到质体膜上后，PDS 和 ZDS 才会被激活。类胡萝卜素有顺式和反式结构，自然界中类胡萝卜素通常以反式结构存在，只有反式番茄红素才能被下游环化酶催化。异构化作用也是类胡萝卜素合成代谢途径中的重要反应。ZISO 和 CRTISO 是催化植物中类胡萝卜素顺式结构向反式结构转化的关键异构酶，该催化反应也需要辅助因子黄素腺嘌呤二核苷酸（FAD）的参与。不同植物中 *ZISO* 基因的表达模式差异较大，在番茄中，*ZISO* 基因在果实发育过程中表达量逐渐上调表达；而在苹果中，该基因随着果实发育表达量逐渐降低，*ZISO* 基因的表达模式差异可能是番茄果实类胡萝卜素积累量高而苹果果实积累量低的原因。CRTISO 的作用是催化原番茄红素转变成全反式番茄红素。番茄 *tangerine* 突变体的 *CRTISO* 基因突变，导致果实中原番茄红素积累，成熟果实呈现橘粉色。

### 3. 番茄红素 ε-环化酶（LCYe）和番茄红素 β-环化酶（LCYb）

番茄红素环化是植物类胡萝卜素合成途径的重要调控分支点。α 分支由 LCYe 和 LCYb 共同作用，β 分支仅由 LCYb 作用，这两个分支决定植物组织中类胡萝卜素含量和组成。在 α 分支中，番茄红素一端先在 LCYe 的催化下环化生成 δ-胡萝卜素；然后另一端在 LCYb 的催化下，环化生成 α-胡萝卜素。在 β 分支中，番茄红素一端先在 LCYb 的催化下环化生成 γ-胡萝卜素；另一端再继续被 LCYb 环化，生成 β-胡萝卜素。LCYe 和 LCYb 催化的环化反应均需要辅助因子 FAD 参与。LCYe 在大多数植物中是由单基因编码的；LCYb 在拟南芥和水稻中由单基因编码，但在番茄、柑橘、猕猴桃等其他多数双子叶植物中均由两种不同类型的基因（*LCYb1/CRTL-B* 和 *LCYb2/CYCB*）共同编码。基因表达分析发现，*LCYb1* 在绿色组织中表达量较高，而 *LCYb2* 在有色体含量丰富的组织中表达量高。

### 4. ε-胡萝卜素羟化酶（ε-Carotene Hydroxylase，ECH）和 β-胡萝卜素羟化酶（β-Carotene Hydroxylase，BCH）

环化后的胡萝卜素在胡萝卜素羟化酶（HYD/CHYB）的催化下，羟化生成含氧的叶黄素类色素（包括叶黄素、β-隐黄质和紫黄质）。植物中的 HYD 有两种不同类型：细胞色素 P450 单加氧酶（P450s 类型）和非血红素亚铁羟化酶（NH-di-iro 类型）。P450s 类型包括 CYP7A（βCHX）和 CYP97C（εCHX），催化 ε-胡萝卜素的羟化反应；NH-di-iro 类型（βCHX）催化 β-胡萝卜素的羟化反应。HYD 由一个小的基因家族编码，拟南芥中有 5 个 *HYD* 基因，其中 3 个属于 P450s 类型，2 个属于 NH-di-iro 类型。对拟南芥叶黄素合成缺失突变体的研究发现，α-胡萝卜素先在 YP97A3/LUT5 作用下，催化 β-环羟化生成玉米黄质；然后在 CYP97C1/LUT1 作用下，催化 ε-环羟化生成叶黄素。叶黄素是 α 分支的末端产物，然而仅在少数植物中发现。叶黄素能被环氧化生成叶黄素环氧化合物。在 $\beta$ 分支中，$\beta$-胡萝卜素先经过第一步羟化反应，生成 $\beta$-隐黄质，再经过第二步羟化反应，生成玉米黄质。羟化酶上游不含氧的类胡萝卜素统称为胡萝卜素；而羟化酶下游的 $\alpha$ 分支的含氧叶黄素类统称为 $\alpha$，$\beta$-叶黄素类，主要存在于植物绿色组织以及一些黄色花瓣组织中；$\beta$ 分支的含氧叶黄素类统称为 $\beta$，$\beta$-叶黄素类，主要存在于花和果实等有色组织中。HYD 基因是植物含氧和不含氧类胡萝卜素的重要控制位点。玉米胚乳中 $\beta$-胡萝卜素含量主要由 HYD 基因决定。超量表达 HYD 能增加含氧类胡萝卜素含量，进而显著提高植物在强光下的适应能力。反义抑制 HYD 基因可以有效提高马铃薯块茎中 $\beta$-胡萝卜素和总类胡萝卜素含量。此外，HYD 基因表达变化是造成某些植物组织中色泽差异的主要原因。例如，辣椒中有色体特异性的 BCH 基因突变，导致果实中积累 $\beta$-胡萝卜素而表现为橙色。橙皮琯溪蜜柚中 BCH 及其他下游基因表达下调，是造成 $\beta$-胡萝卜素积累的主要原因。HYD 基因在主要积累 $\beta$ 分支叶黄素类或其下游降解产物的果实中发挥重要作用。例如，柑橘和辣椒等果实成熟过程中，HYD 基因显著上调表达。对 BCH 基因研究发现，在 $\beta$-胡萝卜素过量和（或者）BCH 活性较低的情况下，BCH 更倾向于催化第一步羟化反应，将 $\beta$-胡萝卜素转变成 $\beta$-隐黄质；而不是第二步羟化反应，将 $\beta$-隐黄质转变成玉米黄质。

**5. 玉米黄质环氧化酶**（Zeaxanthin Epoxidase，ZEP）**和紫黄质脱环氧化酶**（Violaxanthin De-epoxidase，VDE）

玉米黄质能被环氧化先生成花药黄质，再生成紫黄质。这个反应由 ZEP 催化完成，并且需要辅助因子 FAD 参与。在强光条件下，紫黄质又可以在脱环氧化酶 VDE 作用下，重新生成具有抗光氧化能力的玉米黄质。这个可逆过程被称为叶黄素循环，是植物适应不同光照条件的调节机制。在拟南芥和玉米等植物中，ZEP 基因由一个小的基因家族编码。蛋白组学方法证实，拟南芥 ZEP 蛋白定位于类囊体膜和质体膜上。反义抑制 ZEP 基因可以提高马铃薯块茎中玉米黄质和总类胡萝卜素含量。橙色兰花和桂花中高积累

$\beta$-胡萝卜素与 *HYD* 和 *ZEP* 表达量较低有关。

**6. 新黄质合成酶**（Neoxanthin Synthsase，NXS）

紫黄质在 NXS 作用下生成新黄质，它是 $\beta$ 分支的终产物。辣椒中存在另外一种特殊的终产物——椒红素/玉红素，它是形成辣椒独特风味的物质，由辣椒红素/玉红素合成酶（CCS）分别催化花药黄质和紫黄质生成。辣椒中 *CCS* 基因表达缺失或降低，导致不积累或积累少量的椒红素/玉红素，从而引起果实呈现黄/橙色。氨基酸序列分析表明，NXS、CCS 与 LCYb 之间具有较高的同源性；体外酶活性分析发现，NXS 和 CCS 也具有 $\beta$-环化酶功能。因此，有研究者推测 NXS 和 CCS 可能与 LCYb 具有共同的起源。

# 四、类胡萝卜素分子育种现状

由于棕榈油中富含对人体有益的类胡萝卜素，围绕油棕类胡萝卜素生物合成相关基因的克隆开展了大量的研究。Sawitri（2005）采用 RNA 酶介导 5' 和 3'cDNA 末端快速扩增（RLM-RACE）的方式从幼叶和果肉中分离 1-脱氧木酮糖-5-磷酸合酶基因（*DXS*），采用半定量进行基因表达分析发现 *DXS* 基因的表达量与 $\beta$-胡萝卜素呈现出很好的相关性。Rasid（2007）采用同源克隆的方法从油棕种克隆出八氢番茄红素合成酶（*PSY*）基因，对其表达模式进行 RT-PCR 分析，发现 *PSY* 基因的表达量与叶黄素、$\alpha$-胡萝卜素和 $\beta$-胡萝卜素含量呈现出很强的相关性。Bhore 等（2010）构建美洲油棕果肉的 cDNA 文库和表达序列标签库，从中克隆出编码 $\beta$-胡萝卜素羟化酶基因。Rasid 等（2017）还对油棕合成途径中的番茄红素 $\beta$ 环化酶基因、番茄红素 $\epsilon$ 环化酶基因、八氢番茄红素脱氢酶基因、玉米黄质环氧化酶基因进行了克隆和表达分析。

随着分子生物学技术和测序技术的发展，油棕类胡萝卜素的研究也取得较大进展，高通量测序的手段被应用到油棕类胡萝卜素的研究中。Timothy（2011）采用 454 测序技术对油棕果肉进行转录组分析，测序获得 2 629 个组装序列；对获得的序列进行注释后发现大量差异表达基因富集在类胡萝卜素合成代谢途径中，其中 $DXS$、$GPPS$、$FPS$、$GGPPS$、$PSY$、$PDS$、$PTOX$、$Z\text{-}ISO$、$ZDS$、$LCY\text{-}b$、$LCY\text{-}e$、$CYP97A$、$HYD$ 等基因在授粉后 140 d 和 160 d 转录本丰度达到最大值，对应果肉中的类胡萝卜素在授粉后 160 d 达到最大值，这些基因在油棕类胡萝卜素合成中起着非常重要的作用。

MPOB 从美洲油棕中筛选出高类胡萝卜素含量的品种 PS4，由于美洲油棕的产量较低，随后又从非洲油棕中筛选出高类胡萝卜素含量的品种，类胡萝卜素含量达到 2 000 mg/kg 以上，利用这些材料选育高类胡萝卜素含量的育种群体 PS11（表 5-10）。然而这些育种材料的高类胡萝卜素形状产生的分子机制，涉及哪些代谢途径的改变，哪些关键基因结构、表达量的改变还不明确。因而利用这些材料挖掘关键基因，研究其中的分子机制，对开展分子标记辅助育种和转基因育种具有非常重要的意义。

### 表 5-10 高类胡萝卜素含量的油棕育种群体

（Moha Dinet 等，2002）

| 编号 | 来源 | 碘值 | 类胡萝卜素（mg/kg） |
| --- | --- | --- | --- |
| 0.211/142 | Costa Rica | 85.5 | 3 021.1 |
| 0.211/143 | Panama | 87.6 | 3 038.8 |
| 0.211/233 | Panama | 82.5 | 3 042.5 |
| 0.211/991 | Costa Rica | 88.0 | 3 083.5 |
| 0.211/1212 | Panama | 86.9 | 3 106.2 |
| 0.211/1196 | Panama | 87.6 | 311.01 |
| 0.211/1200 | Panama | 88.7 | 3 115.6 |
| 0.211/1051 | Panama | 88.9 | 3 196.1 |
| 0.211/1151 | Costa Rica | 90.7 | 3 208.9 |
| 0.211/1152 | Costa Rica | 92.3 | 32 992.8 |
| 0.211/1144 | Costa Rica | 88.9 | 3 336.5 |
| 0.211/1131 | Panama | 89.0 | 3 377.0 |
| | 栽培种 D×P | 50~53 | 500~700 |

# 第四节　油棕角鲨烯和甾醇分子育种

## 一、角鲨烯和甾醇合成与代谢

角鲨烯（Squalene），又称三十碳六烯，是一种天然的 30 碳原子化合物，最初在深海鲨鱼的肝油中发现，因而得名鲨烯。角鲨烯分子式为 $C_{30}H_{50}$，是由 6 个异戊二烯构成的不饱和脂肪烯烃（图 5 - 13）。角鲨烯的成品为微黄色至无色透明油状液体，有特殊芳香气味。1906 年，Mitsumaru Tsujirnoto 首先在深海鲨鱼的肝脏中发现存在大量角鲨烯。随后在橄榄油、棕榈油、麦胚油中也发现角鲨烯的存在。由于角鲨烯的不饱和度较高，因而具有很强的抗氧化性、抗菌和抗紫外线辐射活性。

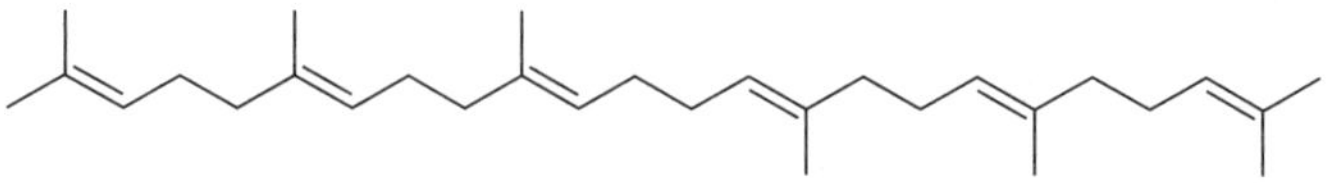

图 5 - 13　角鲨烯的结构式

角鲨烯在医疗上的应用非常广泛，角鲨烯乳液被大量应用于疫苗和药物载体。角鲨烯具有类似红细胞的摄氧功能，可生成活化的氧化角鲨烯，由血液循环输送到机体组织后释放出氧，从而增强机体组织对氧的利用能力。同时，角鲨烯具有渗透、扩散和杀菌作用，人体皮肤分泌物中的角鲨烯和甾醇可维持皮肤柔软滑润。研究表明，角鲨烯对高血压、糖尿病、冠心病及癌症具有积极作用，对乙型肝炎阴转率优于通用的保肝药物。同时，角鲨烯具有抵御紫外线伤害的功能，而常被大量用于护肤品中。

植物甾醇（Plant Sterol）是一类广泛存在于生物体组织内的天然有机化合物，属于饱和或不饱和的仲醇。甾醇分子的基本骨架由三个六元环和一个五元环组成，骨架的 C3 位上有一个羟基，C10 和 C13 位上各有一个甲基，C17 位上有 7 个碳原子组成的侧链。侧链和环结构的变化使得甾醇在自然界中存在大量的衍生物，目前已经鉴定的植物甾醇有 100 多种。根据 C3 位上的基团种类不同，可以将植物甾醇分为游离甾醇、甾醇脂肪酸酯、甾醇糖苷和酰酰基甾醇糖苷等多种形式；根据甾醇的饱和程度可以将植物甾醇分为 4 -无甲基甾醇、4 -单甲基甾醇和 4 -双甲基甾醇三种形式。植物甾醇广泛存在于植物油、种子、坚果、蔬菜和水果中，在稳定细胞膜上起着非常重要的作用。植物甾醇在医疗上的应用非常广泛。植物甾醇对人体具有较强的抗炎作用，具有抑制人体吸收胆固醇、促进胆固醇的降解代谢、抑制胆固醇的生化合成等作用。植物甾醇还被应用于冠状动脉粥样硬化类的心脏病防治，对治疗溃疡、皮肤鳞癌、宫颈癌等有明显的效果。

甲羟戊酸（Mevalonic Acid）生成的异戊二烯焦磷酸（Isopentenyl Pyrophosphate，IPP）在香草二磷酸合成酶的作用下首先形成香叶二磷酸（Geranylgeranyl Diphosphate，GPP），接着在法尼基焦磷酸合酶（Farnesyl Diphosphate Synthase，FPS）的催化下转化成为法尼基焦磷酸（Farnesyl Diphosphate，FPP），又在角鲨烯合酶（Squalene Synthase，SQS）的作用下合成角鲨烯。角鲨烯在角鲨烯单加氧酶（Squalene Monooxygenase，Squalene Epoxidase，SQLE）的催化下生成角鲨烯环氧化物（图 5 - 14）。

## 二、棕榈油与棕榈仁油角鲨烯和甾醇组成特点

角鲨烯和植物甾醇是棕榈油中的微量营养物质，含量在 1‰ 以下。棕榈油中角鲨烯含量为 200～500 mg/kg。采用气相色谱快速检测，角鲨烯的含量为（433±3）mg/kg，采用常规方法检测，角鲨烯的含量为（410±4）mg/kg。角鲨烯不饱和度较高，化学结构在棕榈油精炼过程中很容易受到破坏。有学者利用超临界二氧化碳从棕榈油中提取角鲨烯，提取量为 0.506‰。Wandira 等（2017）优化的皂化和液液萃取技术，能够从棕榈脂肪酸蒸馏物中提取大量的角鲨烯，提取的角鲨烯含量达到蒸馏物的 24.08‰。

棕榈油甾醇总含量为 250～620 mg/kg。其中，$\beta$-谷甾醇含量最高，占总含量的 60‰；豆甾醇其次，占总含量的 24‰；菜油甾

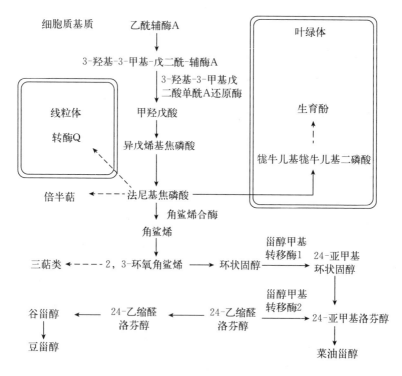

图 5-14　角鲨烯和植物甾醇代谢途径

(Suzuki 等，2007)

醇占 13%；胆固醇含量最低，占 3%（表 5-11）。

表 5-11　棕榈油不同类型甾醇含量

(Jalani 和 Rajanaidu，2000)

| 甾　醇 | 含量 |
| --- | --- |
| $\beta$-谷甾醇 | 60% |
| 菜油甾醇 | 13% |
| 豆甾醇 | 24% |
| 胆固醇 | 3% |
| 总含量 | 250～620 mg/kg |

## 三、角鲨烯和甾醇合成相关基因克隆

角鲨烯合酶是一种结合在内质网上的膜结合蛋白，能够催化两分子的法尼基二磷酸缩合产生角鲨烯，是角鲨烯合成的关键酶。在烟草中的研究发现，利用真菌诱导处理烟草愈伤组织会导致角鲨烯合成酶的活性降低，进而导致角鲨烯和下游产物甾醇含量的降低。Kribii 等人首先对拟南芥角鲨烯合酶基因进行了克隆，发现拟南芥中存在两个编码角鲨烯合酶的基因，即 *AtSQS1* 和 *AtSQS2*，表达分析发现 *AtSQS1* 和 *AtSQS2* 在花序、根、茎和叶中都有表达，而在根部表达量最高。Nguyen 等（2013）在大豆中也克隆出 2 个编码角鲨烯合酶的基因——*GmSQS1* 和 *GmSQS2*，将其转入到酵母突变体中能够恢复甾醇合成功能，在拟南芥种子超量表达 *GmSQS1* 显著提高了种子中的总甾醇含量。目前 *SQS* 基因在烟草、人参、三七、甘草、水稻、葡萄等多种植物中被克隆出来。在人参中超量表达鲨烯合酶基因能够提高三萜和植物甾醇的合成。在人参中采用 RNA 干扰技术抑制角鲨烯环氧酶基因的表达，能够调节人参皂苷和植物甾醇的合成。环氧角鲨烯环化酶是催化角鲨烯加氧生成 2，3-氧化角鲨烯的关键酶，这一步反应是合成下游甾醇类物质的关键。

## 四、油棕角鲨烯和甾醇分子育种现状

油棕基因组中存在 7 个编码法尼基转移酶的基因，3 个编码角鲨烯合酶的基因，2 个编码角鲨烯加氧酶的基因，而对其他基因克隆和相关功能分析的研究还未见报道。

参 考 文 献

范丽萍，靳雅欣，赵福永，2012. 生育三烯酚生物合成与生理功能研究进展[J]. 长江大学学报（自然科学版），9（4）：41-45.
李小丽，梁远学，邰凌超，2015. 油棕果实不同发育时期类胡萝卜素的含量变化[J].华中农业大学学报，34（1）：23-27.

林吉文，1989. 甾体化学基础 [M].北京：化学工业出版社.

林丽，2014. 水稻短根突变体 *Osksr4* 基因的克隆及功能的初步研究 [D].舟山：宁波大学.

罗婷婷，2017. 油棕果肉脂肪酸、维生素 E 组分含量及相关基因功能的分析 [D].武汉：华中农业大学.

秦玉芝，赵小英，邓克勤，等，2007. 甾醇生物合成中的关键酶-环氧角鲨烯环化酶的分子生物学研究[J].生命科学研究，11（1）：10-15.

任蔷，章艳玲，李关荣，等，2014. 甘蓝型油菜乙酰辅酶 A 羧化酶（ACCase）基因 SNP 分析[J].西南大学学报（自然科学版），36（5）：13-19.

石鹏，曹红星，李东霞，等，2015. 油棕等植物 γ-生育酚甲基转移酶的生物信息学分析[J].热带作物学报，36（2）：308-315.

石鹏，曹红星，李东霞，等，2016. 油棕等热带植物 *DXS* 基因的生物信息学分析[J].广西植物，36（4）：471-478.

石鹏，李东霞，王永，等，2014. 油棕 QTL 定位的研究进展[J].热带农业科学，34（3）：49-54.

宋万坤，朱命喜，赵阳林，等，2009. 大豆脂肪酸合成关键酶基因的电子定位及结构分析[J].作物学报，35（10）：1942-1947.

王伏林，2012. 油菜籽油脂合成途径上游 *ACCase* 和 *PEPCase* 基因的克隆及功能研究 [D].杭州：浙江大学.

王雷，郜凌超，郑育声，等，2016. 油棕脂肪酸脱饱和酶基因 ω3 启动子区的克隆及其表达组织特异性分析[J].分子植物育种，14（3）：570-577.

武玉永，2004. 油菜叶绿体表达载体的构建及乙酰辅酶 A 羧化酶基因转叶绿体的研究 [D].武汉：湖北大学.

夏凌峰，史雪，杨昊虹，等，2016. 小麦 β-酮脂酰 CoA 合成酶基因 *KCS* 的克隆与酵母表达[J].麦类作物学报，36（9）：1121-1129.

夏秋瑜，李瑞，唐敏敏，等，2011. 海南文昌油棕油脂的脂肪酸组成及抗氧化活性研究[J].热带作物学报，32（5）：906-910.

肖勇，雷新涛，王永，等，2017. 油棕乙酰 CoA 羧化酶（ACC）基因的鉴定与表达分析 [J].安徽农业科学，45（31）：154-155.

郁志博，罗金辉，2013. 一种安全简便测定椰子胚乳乙酰辅酶 A 羧化酶活性的方法[J].热带农业科学，33（10）：72-76.

严方方，谭晓风，龙洪旭，2013. 油桐 β-酮脂酰-ACP 合酶Ⅲ基因克隆及序列分析[J]. 江西农业大学学报，35（4）：775-781.

张琳，林波，袁怡君，2011. 海南油棕果肉中脂肪酸的成分分析[J]. 广东化工，38（8）：133-134.

周丽霞，吴翼，肖勇，2017. 基于 SSR 分子标记的油棕遗传多样性分析[J]. 南方农业学报，48（2）：216-221.

朱军，2012. 麻疯树 $\beta$-酮酯酰基合酶Ⅲ（JcKASⅢ）多克隆抗体的制备及表达分析 [D]. 广州：华南农业大学.

Borlay A J，Suharsono，Roberdi，et al，2017. Development of single nucleotide polymorphisms（SNPs）marker for oleic acid content in oil palm（*Elaeis guineensis* Jacq.）[J]. Pakistan Journal of Biotechnology，14（1）：55-62.

Britton G，1990. Carotenoid Biosynthesis——An Overview [M]. New York：Plenum Press：167-184.

Buchanan B B，Gruissem W，Jones R L，2000. Biochemistry & molecular biology of plants [M]. [s. l.]：Science Press.

Chee K T，Ai L O，Qi B K，et al，2016. Genome-wide association study identifies three key loci for high mesocarp oil content in perennial crop oil palm [J]. Scientific Reports，6：19075.

Chen X L，2014. Extraction of squalene from palm oil mesocarp using supercritical carbon dioxide [D]. University Teknologi Malaysia.

Dehesh K，Tai H，Edwards P，et al，2001. Overexpression of 3-Ketoacyl-Acyl-Carrier Protein SynthaseⅢs in Plants Reduces the Rate of Lipid Synthesis [J]. Plant Physiology，125（2）：1103-1114.

Eitenmiller R，Junsoo L，2004. Vitamin E：food chemistry，composition and analysis [J]. Vitamin E Food Chemistry Composition & Analysis.

Fraser P D，Kiano J W，Truesdale M R，et al，1999. Phytoene synthase-2 enzyme activity in tomato does not contribute to carotenoid synthesis in ripening fruit [J]. Plant Molecular Biology，40（4）：687-698.

Goad L J，1977. The Biosynthesis of Plant Sterols. //Tevini M，Lichtenthaler H K. Lipids and Lipid Polymers in Higher Plants [M]. Berlin：Springer.

Jin J，Sun Y，Qu J，et al，2017. Transcriptome and functional analysis reveals hybrid vigor for oil biosynthesis in oil palm [J]. Scientific Reports，7：439.

Kong S L，Abdullah S N A，Chai L H，et al，2016. Molecular cloning，gene expression profiling and in silico sequence analysis of vitamin E biosynthetic genes from the oil palm [J]. Plant Gene, 5 (C): 100 - 108.

Krinsky N I, Johnson E J, 2005. Carotenoid actions and their relation to health and disease [J]. Molecular aspects ofmedicine, 26 (6): 459 - 516.

Krutkaew V, Srirat T, 2013. Cloning and characterization of stearoyl - ACP desaturase gene (SAD) in oil palm (Elaeis guineensis Jacq. ) [J]. 6 (1): 60 - 64

Lee M H, Jeong J H, Seo J W, et al, 2004. Enhanced triterpene and phytosterol biosynthesis in Panax ginseng overexpressing squalene synthase gene [J]. Plant &. Cell Physiology, 45 (8): 976 - 984.

May C Y, Nang H L L, Ngan M A, et al, 2009. Extraction of palm vitamin E, phytosterols and squalene from palm oil [P]. US7575767, US.

May C Y, 1994. Palm oil carotenoids [J]. Food Nutr Bull, 15 (2).

Montoya C, Lopes R, Flori A, et al, 2013. Quantitative trait loci (QTLs) analysis of palm oil fatty acid composition in an interspecific pseudo - backcross from Elaeis oleifera, (H. B. K. ) Cortés and oil palm (Elaeis guineensis Jacq. ) [J]. Tree Genetics &. Genomes, 9 (5): 1207 - 1225.

Morcillo F, Cros D, Billotte N, et al, 2011. Improving palm oil quality through identification and mapping of the lipase gene causing oil deterioration [J]. Nature Communications, 4: 2160.

Nguyen H T M, Neelakadan A K, Quach T N, et al, 2013. Molecular characterization of Glycine max, squalene synthase genes in seed phytosterol biosynthesis [J]. Plant Physiology &. Biochemistry, 73 (41): 23 - 32.

Nugkaew A, Phongdara A, Chotigeat W, 2005. Cloning Acetyl CoA carboxylase beta subunit ( accD ) from mesocarp of oil palm ( Elaeis guineensis) [J].

Ohlrogge J B, Roesler K R, Shorrosh B S, 1999. Methods of increasing oil content of seeds: US, US5925805 [P].

Omar B A R. Molecular cloning and characterization of cDNA encoding for enzymes in the carotenoid biosynthetic pathway of oil palm (Elaeis guineensis Jacq. ) [D]. University of Putra.

Ooi C K, Choo Y M, Yap S C, et al, 1994. Recovery of carotenoids from palm oil [J]. Journal of the American Oil Chemists' Society, 71 (4): 423 - 426.

Parveez G K, Rasid O A, Masani M Y, et al, 2015. Biotechnology of oil palm: strategies towards manipulation of lipid content and composition [J]. Plant Cell Reports, 34 (4): 533 - 543.

Pérezcastaño E, Ruizsamblás C, Medinarodríguez S, et al, 2015. Comparison of different analytical classification scenarios: application for the geographical origin of edible palm oil by sterolic (NP) HPLC fingerprinting [J]. Analytical Methods, 7 (10): 4192 - 4201.

Piironen V, Toivo J, Lampi A M, 2000. Natural sources of dietary plant sterols [J]. Journal of Food Composition & Analysis, 13 (4): 619 - 624.

Postbeittenmiller D, Ohlrogge J B, Somerville C R, et al, 1993. Regulation of plant lipid biosynthesis: an example of developmental regulation superimposed on a ubiquitous pathway [J].

Rajanaidu N, Kushairi A, Din A M, 2017. Monograph oil palm genetic resources [M]. Malaysian Palm Oil Board.

Ramírez - Torres A, Gabás C, Barranquero C, et al, 2010. Squalene: Current knowledge and potential therapeutical uses [M]. New York: Nova Science Pub Inc: 1 - 73.

Rance K A, Mayes S, Price Z, et al, 2001. Quantitative trait loci for yield components in oil palm (*Elaeis guineensis* Jacq. ) [J]. Theoretical & Applied Genetics, 103 (8): 1302 - 1310.

Rao A, Rao L G, 2007. Carotenoids and human health [J]. Pharmacological research, 55 (3): 207 - 216.

Rasid O A, Syuhada W S W N, Hanin A N, et al, 2014. Molecular cloning and regulation of oil palm (*E guineensis* Jacq. ) phytoene desaturase in developing mesocarp tisues [J]. Journal of Oil Palm Research, 26 (1): 37 - 46.

Sellwood C, Slabas A R, Rawsthorne S, 2000. Effect of manipulating expression of acetypl - CoA earboxylasel in *Brassica napus* L. embryos [J]. Biochemical society, 28 (6): 598 - 600.

Singh R, Tan S G, Panandam J M, et al, 2009. Mapping quantitative trait loci (QTLs) for fatty acid composition in an interspecific cross of oil palm [J]. BMC Plant Biology, 9 (1): 114.

Sun R, Gao L, Yu X, et al, 2016. Identification of a $\Delta$12 fatty acid desaturase from oil palm (*Elaeis guineensis* Jacq. ) involved in the biosynthesis of linoleic acid by heterologous expression in *Saccharomyces cerevisiae* [J]. Gene,

591 (1): 21-26.

Suzuki M, Muranaka T, 2007. Molecular genetics of plant sterol backbone synthesis [J]. Lipids, 42 (1): 47-54.

Umi S R, Sambanthamurthi R, 1997. β-Ketoacyl-ACP synthase Ⅱ in the oil palm (*Elaeis guineensis* Jacq.) mesocarp//Williams J P, Khan U M and Lem N W (Eds) Physiology, biochemistry and molecular biology of plant lipids [M]. Toronto: Kluwer Academic Publishers: 69-71.

Von L J, 2010. Colors with functions: elucidating the biochemical and molecular basis of carotenoid metabolism [J]. Annual review of nutrition, 30: 35-56.

Wan S W O, Willis L B, Rha C, et al, 2008. Isolation and utilization of acetyl-coa carboxylase from oil palm [J]. Journal of Oil Palm Research, 2: 97-107.

Wandira I, Legowo E H, Widiputri D I, 2017. Optimization of squalene produced from crude palm oil waste [C] //International Symposium on Applied Chemistry. International Symposium on Applied Chemistry (ISAC), 020061.

Wolf G, 2001. The discovery of the visual function of vitamin A [J]. The journal of nutrition, 131: 1647-1650.

Yap S C, Choo Y M, Ooi C K, et al, 1991. Quantitative analysis of carotenes in the oil from different palm species [J]. Elaeis, 3: 309-378.

Yeap W C, Lee F C, Shabari S D K, et al, 2017. WRI1-1, ABI5, NF-YA3 and NF-YC2 increase oil biosynthesis in coordination with hormonal signaling during fruit development in oil palm [J]. Plant Journal, 91 (1): 97.

# 第六章 油棕组织培养

## 第一节 油棕组织培养现状

作为世界上重要的热带木本油料作物，良种良苗是发展油棕种植业的重要前提和保证。目前，油棕商业化种植材料主要采用种子繁育的苗木，但油棕种子除无壳种外，其余类型的种子种壳坚硬，吸水和透气性能较差，属于顽拗性种子。在自然条件下，油棕种子萌发周期长达1~3个月，并且萌发率低，种苗一致性差，不仅增加了育苗成本，也成为限制油棕种苗规模化繁育的重要因素。油棕可以通过组织培养进行快速繁殖，从而大幅度缩短育种和育苗时间。近年来，随着油棕组培技术的不断深入开展，油棕的组培苗表现出良好的产量和品质性状，与常规种子繁育的油棕品系相比具有明显的竞争优势，逐渐被认可和应用，是世界油棕种苗产业未来发展的新方向。因此，有关油棕组培的研究具有重大的应用意义。

国外的油棕组培技术研究开始较早也比较深入，1970年Staritsky和Rabechault首次通过油棕种子胚获得了油棕再生植株，1976年Rabechault等通过油棕叶片获得再生植株。目前马来西亚、印度尼西亚、哥斯达黎加等国已经开始油棕组培苗的商业化生产。Wahid等（2005）分别利用油棕的种胚、根、叶、花成功获得了油棕愈伤组织，但目前运用最广泛、商业化程度最高的仍是油棕的嫩叶。由于油棕组培技术难度大又具有较高的商业价值，该技术已成为商业机密，极少公开报道。Low等（2005）利用cDNA芯片研究与油棕组培相关的分子机制，研究人员采用已有的油棕表达序列标签开发了具有3 806个油棕基因克隆的DNA芯片，建立了与DNA微阵列实验技术体系。Low等（2008）为提高油棕组培愈伤组织和胚胎发生率，分析组培过程中相关基因表达谱和多样性，发现编码脂质转移蛋白的基因在胚胎组织中高度表达，愈伤组织中编码谷胱甘肽 S-转移酶的基因高度表达。Toh 等（2015）鉴定了油棕组培过程中编码谷胱甘肽 S-转移酶蛋白的基因 $EgGST$，结果发现，$EgGST$ 可能在组培不同阶段被调控，其在培养两周的叶片外植体中差异表达，并在结节性愈伤组织中有较高的转录水平，$EgGST$ 可能成为油棕愈伤组织形成的标记物。Ooi 等（2016）为了解油棕组培体细胞胚胎发生过程中的调控机制和鉴定分子标记，通过分离克隆 $EgHOX1$，鉴定其为 $HD-Zip\ II$ 基因，$EgHOX1$ 在组培初期涉及诱导胚胎发生。

国内崔元芳等（1986）以油棕胚为外植体材料获得愈伤组织并建立植物再生体系。龚峥等（1987）开展了油棕组培的研究，分别以叶片和种胚诱导获得油棕愈伤组织，但未见完整油棕植株的报道。邹积鑫等（2014）以油棕叶片为外植体材料建立植株再生体系，通过研究不同取材部位、激素组合配比等对 3 个不同油棕品系叶片愈伤组织培养的影响，发现不同部位的油棕叶片以及不同品系的油棕愈伤组织诱导存在极显著差异，植物外源激素二氯苯氧乙酸（2,4-D）对油棕胚诱导效果较好；油棕体细胞胚再生体系在不同基因型的油棕品种内诱导率存在较大差别，但油棕次生胚增殖在不同基因型的油棕品种内差异不显著，木本植物培养基（WPM）在油棕次生胚增殖中培养效果最好。万瑾等（2014）将 ZigBee 技术应用到油棕组培智能测控系统，该系统可对油棕组培过程中相关环境参数进行自动或半自动的调节控制，提高管理效率。

从 1998 年开始，中国热带农业科学院启动了油棕组培的研究工作，经过多年的努力，2011 年 12 月获得了国内首株移栽成活的组培苗；2015 年 5 月进行了国内首批油棕组培苗大田试种，于 2017 年成功开花结果，且未出现变异植株，性状稳定。这标志着油棕组培苗产业化发展取得阶段性成果，一旦技术成熟，有望在数年内实现优质油棕组培苗的商业化生产应用。油棕组织培养技术是比杂交育种更快、更先进的繁殖方法，只要发现优良母株，就可以快速复制推广，大大缩短良种选育时间。

# 第二节 油棕组织培养技术

长期以来，油棕组织培养（简称组培）方法很少对外公开，但也有人描述了组培的方法，并总结了对外公开发表的信息（Hashim 等，2018）。油棕组培的过程比较复杂，主要包括母本材料的选择、外植体的选择、培养基的选择、培养途径和组培方法、愈伤组织的诱导、胚胎发育和胚状体的增殖、芽分化与生根、驯化与移栽、油棕组织材料的储存、生长激素的应用、油棕组培生理生化研究、液体悬浮培养等。

## 一、母树材料的选择

油棕无性系种植材料规模化生产的重要制约因子是可利用的母树材料数量。目前采用的组培方法需要大量的母树材料，而购买成本非常高，因此筛选优良母树材料是良种繁育的基础和前提。

母树材料的筛选通常以果穗出油率为主要指标，植株变异率（广义遗传力）越大，选择的成功率越大。因单株产量遗传变异较低，其微环境和株间竞争的影响要大于遗传因素，而果穗出油率具有比较大的遗传变异，因此选择遗传力高的可能更有效。Soh 和 Chow（1989）认为应首先选择最好的亲本群体，然后再从中选择最好的单株作为母树材料，并认为产量组分分析比单纯采用产油量单一指标好；Corley（1983）研究认为，果穗指数是鉴定适宜高密度种植油棕母树的良好标准；Hardon 等（1987）认为，选择优良母树材料能显著提高产油量（30%以上）。

马来西亚等国制定了严格的母树材料选择标准，主要包括以下指标：产油量≥50 kg/(株·年)；果穗出油率≥27%；母树群体≥30 株（至少 3 个试验小区，每个小区 10 株以上）；获得至少连续 4 年的观测数据；每株母树的果穗出油率分析次数不少于 5 次；果实或植株生长无不良病史；无性系种植材料变异率小于 5%（评价株数不少于 100 株）。

## 二、油棕外植体的选择

选择合适的外植体是油棕组织培养的关键因素之一。油棕外植体的选择上，有两个问题需要注意：一是外植体的组织和器官的分化程度，通常分化程度低的组织和器官再生能力较强；二是外植体在组织培养操作过程中的方便性，包括灭菌、取材等。早期的油棕组织培养研究对不同组织都进行了试验，如胚、根、叶、花序、顶端分生组织和叶柄基部等。

### （一）胚

胚的分化程度远低于根、茎、叶等器官，较易脱分化形成愈伤组织，胚作为外植体进行组织培养的再生效率也高于其他外植体，因而被认为是一种良好的外植体。由于油棕种子带一层硬壳，胚又被质地致密的种仁包围，使得剥离胚胎的实验操作复杂、麻烦。此外，种胚与母株的基因型不完全相同，可能培养出的无性系与母株差异较大。李娟等（2012）比较了不同灭菌时间和外植体的处理方式对油棕种子无菌苗获得率的影响，结果发现，75%酒精处理1 min，再用 0.1%升汞处理 30～40 min 对油棕种子的灭菌效果最好。经灭菌的种子去除胚乳后接种于 MS 培养基上，出苗率为100%；接种后 15 d 即可获得无菌苗，成苗率高达 88.9 %。在光照及黑暗条件下胚均可萌发，但苗的生长还需要光照条件。该方法适合油棕无菌苗的获得，也可为其他种壳坚硬、顽拗性种子无菌苗的培养提供参考。中国热带农业科学院椰子研究所开展了胚作为外植体的组织培养研究，目前已经成功获得愈伤组织（彩图 10）。

### （二）根

根尖分生组织分化能力强，是组织培养的理想材料，而且成龄油棕的幼根数量多，可提供大量的外植体。但在泥土中生长的根吸附着大量细菌和真菌，难以实现彻底灭菌。利用根作外植体时一般采用种子发芽时的幼根，可避免泥土附带的细菌。Kerdsuwan 和Chato（2016）使用含有 NAA 的 OPCM 培养基成功将油棕幼苗根部诱导出愈伤组织（彩图 11）。

### （三）幼嫩花序

以幼嫩花序为外植体有以下几个优点：（1）油棕花序（包括雌性和雄性花序）很多，可保证外植体来源充足；（2）花序生长在叶腋内，采集时将对应的叶片从基部割下，整个花序即可露出，因而对供体油棕树的损伤少；（3）幼嫩花序由内、外两层佛焰苞紧紧包裹住，可防止细菌和真菌侵染，同时在消毒灭菌的时候，佛焰苞也可保护幼嫩花序免受化学伤害。因而，幼嫩花序被认为是较理想的外植体。Smith 等（1973）最先利用油棕花序进行培养，但 Teixeira（1994）首次成功地从幼嫩花序再生出小苗。利用未成熟雄花序，在改良的 Y3 培养基上添加 2,4 - D 和毒莠定能成功诱导愈伤组织和胚状体，然后在含有 6 - BA、ABA 和 GA 的培养基中诱导形成克隆苗。Jayanthi 等（2015）用油棕雄花序作为外植体，使用 Y3 培养基作为基本培养基，在愈伤诱导、体胚发生和生根阶段分别添加 2,4 - D 或毒莠定，6 - BA、ABA 和 $GA_3$，IAA 和 IBA，最后成功培育出组培幼苗（彩图 12）。

### （四）顶端分生组织

顶端分生组织位于油棕树生长点顶端，是最幼嫩、分生能力最强的组织，能够直接诱导成苗，可缩短再生周期，但采集顶端分生组织容易损伤供体油棕树唯一的生长点，导致树体毁灭性伤害。目前已经很少使用顶端分生组织作为外植体开展组织培养。

### （五）幼嫩叶片

幼嫩叶片位于顶端生长点以上并被多层叶片包被，是油棕组织培养适宜的外植体。首先，它能提供大量的材料，对于成龄油棕树，采自 1 株的叶片足可接种 1 000 多瓶培养基。其次，其灭菌方法简单易行，由于多层叶片的紧密包被，内层的幼嫩叶片未受到病菌感染，因而外植体的消毒可在无菌条件下将包被外面的叶鞘逐层剥掉，每一轮叶鞘都用 75％酒精擦拭，内部嫩叶不需消毒即可直接接种。再次，幼嫩叶片表现出较高的再生效率。Nur 等（2012）以油棕幼嫩叶片为外植体，使用 MS 培养基，添加 2,4 - D 后可以诱导出愈伤组织（彩图 13）。

## 三、培养基的选择

可以用于油棕组培的培养基并不多，应用最多的是 MS 培养基，其次是改良的 MS 培养基（1/2 MS），而 Y3、N6、WPM 培养基应用较少。根据培养阶段的不同可采用不同的培养基（表 6-1）。另外培养基中的蔗糖含量对克隆苗形成有较大影响（表 6-2）。

表 6-1　培养基的选择与应用

| 研究人员 | 培养基类型 |
|---|---|
| Touchet 等（1991） | "MS 大量＋Nitsch 微量＋Morel&Wetmore 维生素"组合培养基 |
| Teixeira 等（1994） | "1/2MS 大量＋MS 微量＋改进的维生素"组合培养基 |
| Rajesh 等（2003） | 在愈伤诱导阶段采用 MS 培养基，而在体胚诱导阶段采用 Blaydes 培养基 |
| Guzman 等（2010） | 在培养基提高蔗糖水平会提高生长率（表 6-2） |
| Thuzar 等（2011） | 比较了 MS 与 N6 的培养效果，发现对于细胞生长和愈伤细胞分化，N6 比 MS 效果好；但对于胚性愈伤诱导，两种培养基的诱导效果无显著差异 |
| 姚行成等（2012） | 比较了七种不同基本培养基（MS、1/2MS、White、Nitsh、Y3、N6、MS 大量＋Nitsch 微量＋Morel&Wetmore 维生素），发现 N6 和 1/2MS 培养基能够较好地促进油棕快速、健康生长。 |
| Nur 等（2012） | MS 培养基，添加 2,4-D（彩图 13） |
| Jayanthi 等（2015） | 愈伤和体胚诱导阶段用 Y3 培养基，添加 2,4-D 和毒莠定（彩图 12） |
| Kerdsuwan 和 Chato（2016） | 用 OPCM 培养基，根部 2 个月可以形成愈伤组织（彩图 11） |

**表6-2　培养基中不同蔗糖含量对克隆苗形成的影响**

(Guzman 等，2010)

| 培养基编号 | 蔗糖（g/L） | 克隆苗形成率（%） |
|---|---|---|
| 1 | 60 | 25.9±5.6 |
| | 75 | 66.7±11.1 |
| 2 | 60 | 62.2±5.2 |
| | 75 | 82.2±6.2 |

# 四、培养途径和组培方法

## （一）培养途径

外植体→愈伤组织→体细胞胚→芽和根系发生→炼苗→田间评价，培养过程根据不同基因型材料需要 2~4 年。愈伤组织通常在黑暗条件下培养，而胚状体和活体小植株通常在光照条件下培养。

## （二）组培方法

将无菌叶片外植体接种到含有矿质养分、蔗糖和维生素等生长素型植物生长调节剂的琼脂培养基上，以刺激愈伤组织的形成，并进一步诱导体细胞胚状体的发生、芽分化，再诱导生根，最后进行驯化和苗圃移栽。以叶片作为外植体能诱导愈伤组织，通常 19% 的叶片外植体能形成愈伤，4% 的愈伤组织能形成胚状体，40%~50% 的胚状体能实现增殖。但不同实验室以及同一实验室的研究经常获得不同的结果。

1987 年 Malaurie 首先开展油棕悬浮培养研究。Touchet 等（1991）研究结果表明，在最优的悬浮培养条件下，组织团块 1 个月内重量增加达 4 倍。当分生组织团转到无激素液体培养基内时，可分化成体胚。Teixeira 等（1995）利用球状愈伤块和疏松易碎胚性愈伤组织两种细胞系建立悬浮培养体系，发现用疏松易碎胚性愈伤组织建立悬浮培养体系仅需 2 个月，而利用球状愈伤块则需 3~5 个月。这种悬浮培养属于摇荡烧瓶培养，可产生一定量的细胞组织，当进入规模化生产阶段时，无法满足大量需求。因此，Tarmizi 等（2004）利用生物反应器进行油棕悬浮培养，通过 B - Braun 生物反应器悬浮培养 50～80 d 后，细胞组织团增重 10～14 倍，是传统方法的 3 倍多，更节省时间和空间。为实现生物反应器的自动化控制，Willis 等（2008）利用拉曼光谱仪分析生物反应器内上清液的各类代谢物，用荧光来区分愈伤的表型，还用流式细胞仪对愈伤组织的大小进行分类，提高油棕生物反应器悬浮培养的自动化控制水平。

## 五、愈伤组织诱导

Wooi（1995）发现不同树龄（9～10 年、14～16 年、22～23 年）的根系外植体的愈伤组织诱导率没有差异。但也有研究认为，3 年油棕的叶片和根系外植体的愈伤组织诱导率显著高于 10 年油棕。Paranjothy 等（1990）研究发现，生长素 2,4 - D 或 NAA 能促进愈伤组织的诱导，但细胞分裂素则相反。愈伤组织的发生通常在接种完的 2 个月后，愈伤组织的组织形态类型对植株变异影响很大，虽然生长快速的愈伤组织（淡黄色）的胚状体发生比较容易，但出现开花异常的遗传变异概率较大，而生长比较慢的紧凑瘤状愈伤组织（淡绿色）则是比较理想的愈伤组织形态。此外，不同基因型和不同树龄母树材料的愈伤组织诱导也存在差异，如 Deli×LaMé 的要高于 Deli×Yangambi 和 Deli×NIFOR；18 月龄母树材料 52％的外植体能产生愈伤组织。

## 六、体细胞胚胎发生和胚状体的增殖

通常通过降低培养基中生长素浓度来刺激胚状体的形成，有研究认为可以不经过愈伤组织诱导阶段直接由外植体胚状体。然而，从愈伤组织形成到胚状体诱导所需要的时间无法预测，且胚状体诱导的成功率也无法得到保证。一般情况下，80％～90％的愈伤组织能够诱导出胚状体，约 50％的胚状体能够增殖，增殖培养基不含激素，或仅含生长素、细胞分裂素。目前，胚状体的继代次数受严格控制，因为开花异常可能与培养时间有关。Wong 等（1997）认为缩短增殖时间能提高胚状体的增殖系数，但也增加了开花变异的概率。Soh 等（2001）认为 80％以上的植株无法获得 10 倍以上的胚状体增殖系数，低胚状体增殖系数是制约商业化无性繁殖的主要因素。

## 七、芽分化与生根

芽分化通常与胚状体增殖同步，在继代培养中，芽从胚状体中分离并转到壮苗和生根培养基中培养，同时胚状体进行循环增殖培养。Wooi（1990）认为芽经较低浓度 NAA 或高浓度 NAA 短暂处理，然后接种到无激素的基本培养基中（MS）能诱导生根；Rival 等（1997）利用 1 mg/L NAA 处理芽 24 h，然后转到无激素的基本培养基中也能获得较好的结果；用 0.5～1.0 mg/L NAA 处理 8 周也是较为理想的方法。

## 八、驯化与移栽

活体植株在培养基中形成良好的根系后即可移栽到小苗苗圃或沙床中。由于培养基中的活体植株没有形成正常的叶角质层，当暴露在干燥空气中时，叶片会迅速失水干燥，因此，移栽后要保持湿润并避免高温。在生产实践中，采用聚乙烯薄膜棚遮盖或喷雾以及适度的遮阴能取得较好结果。此外，Wooi 等（1981）利用抗蒸腾剂处理，并将植株移栽在密封的聚乙烯薄膜下也取得了较好的结果。

研究认为，肥沃土壤是较理想的移栽基质，但植株在无菌根菌的肥沃土壤中生长很慢并出现缺磷症状。因此，通过接种菌根菌孢子到肥沃土壤或在肥沃土壤中添加一定比例的贫瘠土壤能克服生长缓慢的问题，可获得 95％的成活率。Schultz 等（1998）也认为，菌根菌的接种能提高成活率。移栽成活后的植株生长比杂交种子要慢很多，通常在移栽 3 个月后，组培苗的生长速度开始加快，与杂交种苗才具有可比性。

组织培养技术在试验规模上被广泛应用于油棕无性系繁殖，但截至目前，还无法对各种基因型材料进行大规模繁育。虽然80%～90%母树材料均能获得胚状体，但胚状体增殖率提高后的无性系检测以及最终实现商业化种植材料的生产仍存在问题，通常获取胚状体的成功率低于50%。

## 九、组织材料的储存

无性系田间评价需要7～8年。最简便的方法是从田间评价中选择最好的单株作为商业无性系繁殖的母树材料，但存在循环增殖的风险。目前，通常采用超低温保存和控制胚状体生长的方法进行油棕组织材料的储存与循环增殖利用。

### （一）超低温保存方法

Grout 等（1983）研究表明，液氮保存（－196℃）后油棕胚能够萌发；Englemann 和 Duval（1986）研究认为，含高浓度蔗糖的培养基在培养胚状体一段时间后再进行液氮保存也能够成活，但不同类型的胚状体解冻后成活率仅为20%。Dumet 等（1993）研究表明，在超低温保存前，适当降低胚的含水量至19%～35%，不同类型的胚状体均能有一定的成活率。Dumet 等（1994）研究还认为，干燥后的胚在－80℃下保存也能取得与液氮保存一样的效果，但在解冻时（－12℃）效果较差。研究认为，在蔗糖中预生长能减少胚的含水量，且蔗糖比其他糖类的效果好。

### （二）控制胚状体生长

为了降低成本，最好的办法是控制胚状体不生长或少生长。Engelmann（1990）研究表明，在1%氧气条件下能保持胚状体在原培养基中4个月；Tarmizi 和 Marziah（1995）认为，在15℃下可保持胚状体在原培养基上6～9个月而不用接种到新的培养基上。

## 十、生长激素的应用

油棕外植体的愈伤组织诱导和组织分化离不开生长激素的调节。愈伤细胞团从富含生长激素的培养基转入低浓度或不含生长素的培养基，通常可发育成体胚。在诱导愈伤和体细胞胚胎发生过程中使用的生长激素主要有 2,4 - D、NAA、ABA、BAP、BA、TDZ 或玉米素，其中 2,4 - D 使用最多（表 6 - 3）。

表 6 - 3　不同浓度生长激素诱导油棕愈伤组织和体胚发生

| 激素名称 | 处理浓度 | 结　论 | 参考文献 |
|---|---|---|---|
| 2,4 - D | 0.2 mg/L | 能诱导出愈伤组织 | Konan 等（2010） |
| 2,4 - D | 2.0 mg/L | 能诱导出愈伤组织 | Thuzar 等（2011） |
| 2,4 - D | 225 μmol/L、450 μmol/L | 225 μmol/L 效果较好 | Scherwinski - Perei ra 等（2010） |
| 4 - 氨基 - 3,5,6 - 三氯吡啶 - 2 -酸 | 225 μmol/L、450 μmol/L | 450 μmol/L 的诱导效果要好于 225 μmol/L | Scherwinski - Perei-ra 等（2010） |
| NAA、2,4 - D、3,6 - 二氯 - 2 -甲氧基苯甲酸 | 40 mg/L NAA；2.5 mg/L 和 5.0 mg/L 2,4 - D；2.5 mg/L 和 5.0 mg/L 3,6 -二氯- 2 -甲氧基苯甲酸 | 2.5 mg/L 3,6 -二氯 - 2 -甲氧基苯甲酸诱导球状愈伤组织效率最高 | Thawaro 等（2009） |
| NAA、ABA | 15 μmol/L NAA 和 2 μmol/L ABA | 可发育成正常的体胚 | Teixeira 等（1994） |
| TDZ | 4.54 μmol/L | 显著地促进体胚、次生体胚及芽分生组织的形成发生 | Rajesh 等（2003） |
| 2,4 - D；IAA、IBA、6 - BA | N6＋2,4 - D 的浓度分别为 20 mg/L、50 mg/L、80 mg/L、110 mg/L、140 mg/L；N6 ＋ IAA 分别为 80 mg/L、110 mg/L、140 mg/L；N6＋IBA 110 mg/L；N6＋6 -BA 110 mg/L | 无激素的培养基不能诱导出愈伤组织，N6 ＋ 2,4 - D 110 mg/L 的浓度愈伤组织形成率最高，为 83.75%，诱导过程褐化现象少。N6＋2,4 - D 110 mg/L＋PVP 5 g/L＋蔗糖 6 ％＋AC 0.3% 培养基促进愈伤组织的诱导和生长，适合进一步继代培养 | 沈雁 等（2010） |

（续）

| 激素名称 | 处理浓度 | 结　论 | 参考文献 |
|---|---|---|---|
| 无 | 无 | 在其改良的 N6 培养基中不添加生长激素，体胚可同时出芽和生根，可省略诱导生根阶段，从而使培养时间缩短至 9~12个月 | Thuzar 等（2011） |
| 2,4 - D、毒莠定 | 2,4 - D 300 $\mu$mol/L；毒莠定 150 $\mu$mol/L | 在 Y3 培养基基础上，愈伤诱导率接近 82%，体细胞胚胎发生率达到 4.9%。 | Jayanthi 等（2015） |
| NAA | | 在 OPCM 培养基（1/2MS 和 1/2 WPM）基础上，油棕根的体细胞胚胎形成率达到 80% | Kerdsuwan 和 Chato（2016） |

## 十一、油棕组培生理生化研究

Rival 等（1997）发现，胚状体在诱导生根中接触 NAA 后，过氧化物酶水平立即变高，是生根困难的原因。Gaspar 等（1997）认为采用过氧化物酶抑制剂可以提高生根率。Rival 等（1999）认为，在培养过程中活体植株的光合作用是有效的。Morcillo 等（1998）观察胚状体和合子胚累积相同的储藏蛋白（7S 球蛋白），但合子胚的蛋白质水平低于 2%；Morcillo 等（1999）在培养基中添加精氨酸和谷氨酰胺能增加胚状体的可溶性蛋白和 7S 球蛋白，但两者的蛋白质含量仍低于体细胞胚；Bertossi 等（2001）发现脱落酸能增强胚状体的抗快速脱水能力，并且在无激素培养基中连续培养期间诱导生根缓慢；Jones（1990）发现在胚状体和合子胚中内源细胞分裂素含量水平不同，通常合子胚中含量较高，并且不起主导作用的细胞分裂素不同。沈雁等（2012）以油棕的愈伤组织为材料，研究其在形成愈伤组织过程中的可溶性蛋白含量、过氧化物酶活性等的动态变化，以及褐化前后的生理生化变化，结果表明，油棕的愈伤组织形成过程缓慢，随时间延长，过氧化物酶（POD）活性有下降趋势，可溶性糖含量先上升、后下降，电导率保持平稳。由此可见，褐变对油棕愈伤组织的活性影响显著。

# 第三节 油棕组织培养存在的问题

虽然目前油棕组培技术体系有很大完善，但仍存在以下三个方面的问题：

首先是培养过程的不稳定性和再生效率不高的问题。这主要由基因型决定的，表现在两个方面：一是从母株采集的外植体60%～80%不能分化成胚性愈伤组织；二是体胚转化率只有6%。再生效率低，不易生根和芽，必然要求使用更多的外植体来满足无性系的大量生产，结果导致母株供应外植体不足，无法满足大规模生产。解决此问题可通过广泛筛选再生效率高的基因型，以其为无性系母株，并建立母株资源库。据 AAR（Applied Agricultural Resources）公司油棕组培实验室的报道，再生效率高的母株生产出的无性系后代仍表现出再生效率高的遗传特点。因而，利用再生效率高的母株培育出大量无性系后代，再以其为母株，可缓解对初级母株（第一代母株）的紧迫需求。

其次是 mantled 变异。通过改进培养体系来降低或杜绝变异发生是最优解决途径，但这需要漫长的探索过程。目前对 mantled 变异的分子机理已有一定程度了解，可利用分子标记来鉴定变异细胞系和无性系。寻找适宜的分子标记对体胚进行早期变异筛选，可减少变异体胚的繁殖，从而节约生产成本并降低变异植株比例。同时，在苗圃阶段对无性系幼苗利用分子标记筛选变异，可防止变异植株进入大田，从而避免产量损失。

最后是传统组培方法-固体培养法进入大规模生产时，生产成本高。主要由以下三个因素造成：（1）需要大量的实验设备、材料和劳动力；（2）油棕细胞组织生长缓慢，培养周期长；（3）手工操作次数多，污染率高。液体悬浮培养可减少继代培养所需要的人工操作，从而减少劳动量并降低污染率。生物反应器悬浮培养能够减少劳动操作且便于自动监测和调控培养条件，为规模化生产提供了新途径。自动化生物反应器将极大地缩短培养时间并降低生产成本。

# 第四节　油棕组织培养变异

## 一、油棕再生植株的变异

受离体培养过程的影响，离体培育的细胞、愈伤组织及再生植株普遍发生变异现象。油棕离体再生植株普遍存在着一种花畸形变异"mantled"。变异只有在无性系开花时才表现出来，表现为花结构的形态缺失。对于雄花，雄蕊原基发育成心皮结构；对于雌花，则发育成假心皮结构。心皮结构状如披风一样覆盖在小花上面，因而得名为"mantled"。这种变异由于心皮结构覆盖小花，导致雄花不育、雌花不能受精，从而不能结果实。变异引发严重的后果是全部花丧失功能而不结果实，轻者是部分雌花受影响而产量减少。目前，任何一个进行油棕离体再生研究的课题组均遭遇此问题。

### （一）无性系变异的因素

无性系变异的严重程度主要取决于两个因素：一是基因型；二是采用的培养方法。从快速生长愈伤组织获得的无性系，100％发生 mantled 变异，而从瘤状紧密愈伤组织获得的无性系，mantled突变率只有约 5％。快速生长愈伤组织偶然发生，初级愈伤组织在2，4－D 培养基上经过多次继代培养才会变成快速生长愈伤组织。鉴于此，法国某油棕组织培养实验室在愈伤诱导阶段使用外源激素，而在体胚的快繁的过程完全不使用激素。此方案培养出的无性系，302 个无性系中只有 4％发生花畸形变异，当离体培养时间小于 4 年时，突变率并无明显增加。

### （二）变异产生的原因

关于愈伤组织类型与 mantled 变异产生的原因，主要有两种假说：一种认为，诱导体胚的愈伤类型、细胞分裂素的代谢与被干扰基因组的表达相关联（Besse 等，1992）；另一种则认为，愈伤类型与花畸形之间的联系并不明显（Jones 等，1995），变异的发生更可能与体胚的繁殖频率过高和在含激素培养基上培养周期过长相关（Corley 等，1986；Eeuwens 等，2002）。

### （三）产生变异的分子机制

对 mantled 变异的分子机理研究正在广泛进行。现在普遍认为 mantled 变异属于表观遗传变异。Rival 等（1997）采用流式细胞仪对组培苗的染色体分析表明，变异植株的倍性并无改变，与母树一致，但是二倍体 DNA 值有显著差异，从而认为该变异属于表观遗传变异。Jaligot 等（2000）的研究结果表明，mantled 变异植株与正常植株相比，DNA 甲基化水平降低，因此认为 DNA 低甲基化与 mantled 变异相关。Matther 等（2001）用甲基化敏感酶 AFLP 分子标记比较分析母树和变异植株，其结果也表明在组培过程中 DNA 甲基化程度降低。随后，Jaligot 等（2002）找到 2 个甲基化敏感酶 RFLP 分子标记，表现出与无性系变异相关联的多态性。Kubis 等（2003）研究发现，mantled 变异植株的转座子或 DNA 甲基化发生改变，认为转座子也可能发生作用。通过组织培养生产克隆苗是油棕优异种质扩繁的主要方法，其过程中的愈伤诱导、体细胞胚胎发生等重要性状的遗传机制还有待解析。Ting 等（2013）在厚壳种（ENL48）和无壳种（ML161）作图群体中利用 SSR 标记构建连锁图谱，ENL48 的连锁图谱包含 23 个连锁群，148 个标记，全长 798 cM；ML161 图谱包含 24 个连锁群，240 个标记，全长 1 328.1 cM。研究人员最终定位到两个与组织培养过程中体细胞胚胎发生相关的 QTL 位点，其中定位在 ENL48 群体 LGD4b 连锁群上的 QTL 可以解释表型变异的 17.5%，定位在 ML161 群体 LGP16b 连锁群上的 QTL 可以解释表型变异的 20.1%。Ongabdullah 等（2015）应用表观基因组关联研究（Epigenome Wide Association Studies）确定了 mantled 的基因，并发现油棕组培中 Karma 转座子的去甲基化可导致 mantled 变异（图 6-1、图 6-2）。

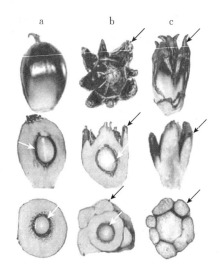

图 6-1 mantled 变异和正常型油棕果对比

a. 正常油棕果；b. mantled 变异油棕果；c. 单性结实 mantled 变异油棕果

（Ongabdullah 等，2015）

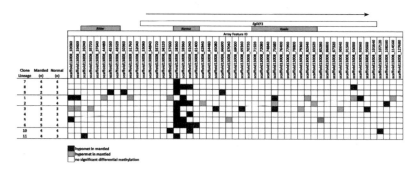

图 6-2 EWAS 预测 mantled 变异与 Karma 转座子 DNA 去甲基化有关

黑色方框表示低甲基化，灰色方框表示高甲基化，白色方框表示没有显著的甲基化差异

（Ongabdullah 等，2015）

## 二、其他不正常现象

除开花不正常（mantled 变异）外，断叶综合征（TLS）和顶

生花序是两种较普遍的变异现象，此外，侏儒症以及其他变异现象有时也能观察到。TSL 现象在培养结束移栽后的几个星期能观察到，即叶片出现坏死线，导致叶片全部坏损，有研究认为是缺硼引起。这种现象在无性系后代种苗中也有发现，显示了遗传的可能性。顶生花序是顶端发生组织受到影响，使叶片和植物生长停止，在培养期间发生的概率要高于苗期。在培养过程中，培养的时间越长，其概率越大，并且在含有细胞分裂素的培养基中比例较高。

## 三、mantled 变异分子标记的研发

除 mantled 变异外，其他不正常植株均可在苗期进行鉴别和淘汰，而 mantled 变异植株只有在油棕植株开始发育后才检测到。因此，在大田种植前对 mantled 变异植株进行鉴别和淘汰尤为重要。

Rival 等（2008）应用 HPLC 进行 mantled 变异体基因组甲基化率的研究结果表明，mantled 变异体 DNA 甲基化率显著低于正常表型数据。Jaligot 等（2014）开发了单链甲基化多态性标记用以检测 mantled 变异。转录型标记和 EST 序列等技术也被应用于 mantled 变异检测。

目前，各研究机构都在积极开发可以早期检测 mantled 变异的分子标记。中国热带农业科学院椰子研究所发明了一种用于鉴别油棕种苗 mantled 畸形的分子标记及鉴定方法：先提取油棕种苗的 DNA，再用该发明提供的分子标记引物进行 PCR 扩增，扩增产物经聚丙烯酰胺凝胶电泳分离并染色，即可根据电泳条带鉴别出将来果实发育正常的油棕种苗和会产生 mantled 畸形的油棕种苗（图 6-3）。该发明所述的鉴别油棕种苗 mantled 畸形的方法，不需要等到油棕树结果，在苗期即可准确鉴定出将来会产生 mantled 畸形的油棕种苗，鉴定准确率高，能够保证油棕种苗的纯度，避免 man-

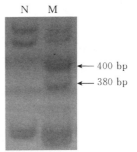

图 6-3　油棕果实性状及对应的电泳条带

N 为正常，M 为 mantled 变异

tled畸形产生的经济损失，对于油棕种苗质量控制具有重要意义。

# 第五节  油棕组织培养技术发展趋势

油棕组培技术的应用不但为特异种质材料（如高产、高品质、矮生、抗病等材料）的开发利用提供了新途径，而且与传统的商业化杂交种子相比，其产量能提高30%以上。

近年来，随着油棕组培技术的进步以及变异早期鉴定水平的提高，油棕组培苗的生产成本大大降低，变异率被控制在商业生产可以接受的2%～5%，使油棕组培有希望成为一项重要的油棕种植材料繁育技术。

当前，我国发展油棕产业所面临的关键问题是缺乏适宜于我国热区环境条件的种质材料。首先，我国热区处于热带北缘，环境条件复杂多样，光温水热资源与传统油棕种植区相比差异较大。多年的引种实践表明，绝大多数从国外引进的品种难以适应我国热区特殊的气候条件，且同时受到知识产权的限制，从质量和数量上都不能满足我国大面积种植油棕的需求。此外，油棕杂交育种周期需要十多年，短期内无法培育出适合我国热区环境条件的油棕新品种。我国多年尝试从国外直接引进油棕组织培养技术体系均失败。由于油棕组培技术难度大、经济效益好，技术持有国（如马来西亚、印度尼西亚等）对其关键技术高度保密。基于上述原因，我国通过长期的科学研究，初步建立了我国具有自主知识产权的以叶片和花序为外植体的油棕优良无性系种质材料规模化培育技术体系。在此基础上，开展相关的分子标记技术应用，为解决我国发展油棕产业所急需的大量优质种质材料问题提供技术支撑，对推动我国发展油棕产业具有重要的现实意义。

# 第六节  油棕组织培养分子机制研究

油棕是世界重要的产油作物，然而通过传统育种进行遗传改良很慢且成本高，通常一个育种周期超过 10 年。因此，组织培养技术在油棕中得到快速应用，从 20 世纪 70 年代油棕引入组织培养，组织培养繁殖被证明有效，然而，在油棕组织培养过程中，其愈伤组织和体细胞胚胎发生率很低。因此，研究油棕组织培养过程中的分子机制对于提高组织培养效率至关重要。

　　研究人员利用愈伤和胚状体组织构建 cDNA 文库，进行 EST 测序筛选相关基因。Low 等（2008）构建非胚性愈伤、胚性愈伤和胚状体 3 个组织培养重要阶段的 12 个 cDNA 文库，测序后产生 17 599 个 EST，注释和拼接后产生 9 584 个潜在基因，通过 GO 分析对这些基因进行了基因功能注释；簇分析显示编码油脂转移蛋白的基因在胚性组织中高度表达，而编码谷胱甘肽转移酶的基因在非胚性愈伤组织中高度表达；另外，根据 EST 开发了 648 个 SSR 标记。Shariff 等（2008）构建了胚状体的 cDNA 文库，测序得到 EST，经过基因功能注释后发现存在许多涉及体细胞胚胎发生的潜在基因，比如油脂转移蛋白（WBP1 A）、体细胞胚胎发生受体激酶 1（SERK1）和防御素（EGAD1）。

　　直接从悬浮培养的胚性组织中分析同源基因，也是可行的方法。*EgPK1* 是哺乳动物 *STK16* 的同源基因，Ooi 等（2008）从油棕胚性组织悬浮培养中分离得到该基因。在胚性愈伤组织中 *EgPK1* 表达量比非胚性愈伤组织中高，推测其功能可能是在体细胞胚胎发生阶段原胚周围的胞间基质中发挥功能（图 6-4）。

　　为找到油棕高低增殖率的差异蛋白，Tan 等（2016）分别提取了高低增殖率油棕叶片的总蛋白，经过 2-D 电泳分离蛋白后，挑选差异蛋白点进行质谱鉴定（图 6-5），最终鉴定出 26 个蛋白，同时对基因表达量进行分析，找到一些候选蛋白。然而这些候选蛋白涉及哪些代谢途径还不清楚。

　　Kushairi 等（2010）总结了油棕组织培养的过程以及涉及的相关基因和标记（图 6-6），随着研究的深入，涉及的基因和标记会越来越丰富。

　　油棕组织培养过程中体细胞胚胎发生率仅为 6%，调控机制的

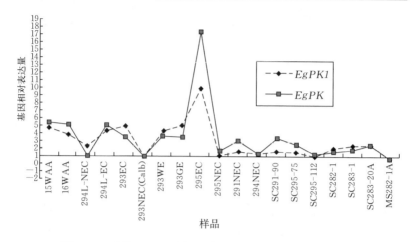

图 6-4　油棕 *PK* 基因在不同组织培养组织中的表达情况

（Ooi 等，2008）

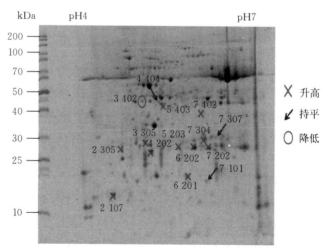

图 6-5　油棕高低增殖率蛋白质差异

（Tan 等，2016）

理解和相关分子标记的鉴定可能会提高油棕组培再生的效率。在早期胚胎发生阶段，Ooi 等（2016）检测到 HD - Zip Ⅱ 的 *EgHOX1* 基因有较高的表达量，受到外源生长素诱导（彩图 14）。

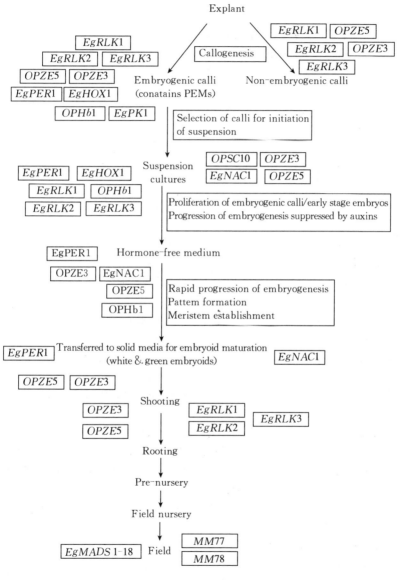

图 6-6　油棕组织培养过程中的相关基因

（Kushairi 等，2010）

# 参 考 文 献

崔元芳，龚峥，陈幸华，等，1986. 油棕胚愈伤组织诱导及植株再生的研究[J]. Journal of Integrative Plant Biology，28（6）：582-588.

龚峥，崔元芳，陈幸华，等，1987. 油棕叶片愈伤组织的诱导[J]. 热带作物研究，7（3）：15-18.

贾春兰，王纪方，金波，1991. 蔬菜作物组织培养对染色体倍性变异的影响[J]. 中国蔬菜，1（6）：17-18.

雷新涛，曹红星，2013. 油棕[M]. 北京：中国农业出版社：31-36.

李娟，彭金灵，康娟，等，2012. 油棕高效胚培养技术研究[J]. 热带农业科学，32（7）：5-8.

陆瑞菊，何婷，王亦菲，等，2009. 糯玉米离体培养获取耐盐变异体[J]. 核农学报，23（3）：380-384

沈雁，王业桐，曹红星，等，2012. 油棕的组织培养及其生理生化研究[J]. 江西农业学报，24（2）：41-42.

沈雁，周焕起，曹红星，等，2010. 不同外源激素对油棕愈伤组织诱导的影响[J]. 种子，29（7）：37-39.

万瑾，唐荣年，吴文峰，等，2014. 基于 ZigBee 技术的油棕组培智能测控系统的设计与应用[J]. 贵州农业科学，42（8）：224-228.

姚行成，邹积鑫，曾宪海，等，2012. 油棕组织培养研究进展[J]. 热带作物学报，33（3）：589-594.

郑企成，朱耀兰，陈文华，1989. 小麦幼穗培养的植株再生及变异[J]. 核农学报，3（3）：129-136.

周俊彦，1982. 影响植物胚状体发生和发育因素—植物体细胞在组织培养中产生的胚状体Ⅱ[J]. 植物生理学报，8（1）：71-95.

邹积鑫，潘登浪，林位夫，等，2016. 油棕体细胞胚的诱导和次生胚的增殖研究[J]. 热带农业科学，36（8）：26-30.

邹积鑫，尤丽莉，林位夫，2014. 影响油棕叶片愈伤组织诱导因素研究[J]. 热带农业科学，34（2）：54-58.

Aberlenc B F，Noirot M，Duval Y，1999. BA enhances the germination of oil palm somatic embryos derived from embryogenic suspension cultures [J]. Plant Cell Tissue and Organ Culture，56（1）：53-57.

Aberlenc B F，Chabrillange N，Duval Y，2001. Abscisic acid and desiccation tolerance in oil palm (*Elaeis guineensis* Jacq. ) somatic embryos [J]. Genet Sel Evol, 33 (4): 75 - 84.

Besse I, Verdeil J L, Duval Y, et al, 1992. Oil palm (*Elaeis guineensis* Jacq. ) clonal fidelity: endogenous cytokinins and indoleacetic acid in embryogenic callus cultures [J]. Journal of Experimental Botany, 43 (7): 983 -989.

Braun A, 1984. More Venezuelan palms [J]. Principes, 28: 73 - 84.

Chin H F, Hog Y I, Mohd L B, 1984. Identification of recalcitrant seeds [J]. Sci Technol, 12: 429 - 436.

Corley R H V, Tinker P B, 2003. The oil palm (the 4<sup>th</sup> edn. ) [M]. London: Blackwell Science ltd: 207.

Corley R H V, Lee C H, Law I H, et al, 1988. Field testing of oil palm clones. In: Halim Hassam A et al (eds) Proceedings of the 1987 oil palm conference on "Progress and Prospects" [C]. Palm Oil Research Institute of Malaysia, Kuala Lumpur, 173 - 185.

Corley R H V, Tinker P B H, 2008. The oil palm [M]. Hoboken: John Wiley & Sons Ltd.

Corley R H V, 1993. Fifteen years experience with oil palm clones. A review of progress. In: Proceedings of the 1991 PORIM International Palm Oil Congress: Update and Vision. (20 - 25<sup>th</sup> September 1993, Kuala Lumpor, Malaysia) [C]. Palm Oil Rearch Institute of Malaysia (Edited by Jalani S, Ariffin D, Rajanaidu N, et al, 69 - 79.

Corley R H V, 1983. Potential productivity of tropical perennial crops [J]. Exp Agric, 19: 217 - 237.

Dumet D, Englemann F, Chabrillange N, et al, 1993. Development of crypreservation for oil palm somatic embryos using an improved process [J]. Oléagineux, 48: 273 - 278.

Dumet D, Englemann F, Chabrillange N, et al, 1994. Effect of desiccation and storage temperature on the conservation of cultures of oil palm somatic embryos [J]. Cryoletters, 15 (2): 85 - 90.

Dumet D, Englemenn F, Chabrillange N, et al, 1994. Effect of various sugars and polyols on the tolerance to desiccation and freezing of oil palm polyembryonic culture [J]. Seed Science Research, 4 (3): 307 - 313.

Dumet D, Englemann F, Chabrillange N and Duval Y, 1993. Cryopreservation of standard oil palm (*Elaeis guineenis* Jacq. ) somatic embryos involving a desiccation step [J]. Plant Cell Reports，12：352 - 355.

Duval Y，Amblard P，Rival A，et al，1997. Progress in oil palm tissue culture and clonal performance in Indonesia and the Cote d'Ivoice [C]. Prceeding of international planters conference，Kuala Lumpur，Malaysia，291 - 307.

Engelmann E，Duval Y，1986. Cryoconservation des embryonssomatiques de palmieràhuile (*Elaeis guineenis* Jacq. ) resultants et perspectives d'application [J]. Oléagineux，41：169 - 173.

Englemann F，1990. Utilisationd'atmosphé res àteneur en oxygeneéduite pour la conservation de cultures d'embryonssomatiques de palm ieràhuile (*Elaeis guineensis* Jacq. ) [J]. C. R. Acad. Sci. Paris，Sér Ⅲ，679 - 684.

Euwens C J，Lord S，Donough C R，et al，2002. Effects of tissue culture conditions during embryoid multiplication on the incidence of "mantled" flowering in clonally propagated oil palm [J]. Plant Cell Tissue Organ Cult，70 (3)：311 - 323.

Gaspar T，Penel C，Greppin H，1997. Do rooting and flowering evocation involve a similar interplay between indoleacetic acid，putrescine and peroxidases. In：Greppin H，Penel C and Simon P (ed)：Travelling Shot on Plant Development [M]. Genera：University of Geneva：35 - 49.

Grout B W W，Shelton K，Pritchard H W，1983. Orthodox behavior of oil palm seed and cryopreservation of the excised embryo for genetic conservation [J]. Ann. Bot，52：381 - 384.

Guedes R D S，Silva T L D，Luis Z G，et al，2011. Initial requirements for embryogenic calluses initiation in thin cell layers explants from immature female oil palm inflorescences [J]. African Journal of Biotechnology，10 (52)：10774 - 10780.

Guerra M P，Handro W，1988. Somatic embryogenesis and plant regeneration in embryo cultures of Euterpeedulis Mart (palmae) [J]. Plant Cell Reports，7 (7)：550 - 552.

Guzman N，Peralta F，2010. Advances in tissue culture propagation of compact oil palm clones in Costa Rica [J]. ASD Oil Palm Papers，35：1 - 12.

Hashim A T，Ishak Z，Rosli S K，et al，2018. Oil Palm (*Elaeis guineensis* Jacq. ) somatic embryogenesis. In：Jain S M，Gupta P G (eds) Step wise protocols for somatic embryogenesis of important woody plants [M]. Cham, Switzerland: Springer.

Ho W, Tan C C, Soh A C, et al, 2009. Biotechnological approaches in producing oil palm planting material‐a succoess story [J]. International J Oil Palm, 6: 86‐93.

Jaligot E, Beulé T, Rival A, 2002. Methylation‐sensitive RFLPS: characterization of two oil palm markers showing somaclonal variation‐associated polymorphisms [J]. Theoretical and Applied Genetics, 104 (8): 1263‐1269.

Jaligot E, Wei Y H, Debladis E, et al, 2014. DNA methylation and expression of the *EgDEF1* gene and neighboring retrotransposons in mantled somaclonal variants of oil palm [J]. PloS ONE, 9 (3): e91896.

Jaligot E, Rival A, Beulé T, et al, 2000. Somaclonal variation in oil palm (*Elaeis guineensis* Jacq.): the DNA methylation hypothesis [J]. Plant Cell Reports, 19 (7): 684‐690.

Jayanthi M, Susanthi B, Mohan N M, et al, 2015. In vitro somatic embryogenesis and plantlet regeneration from immature male inflorescence of adult dura, and tenera, palms of *Elaeis guineensis* (Jacq.) [J]. Springerplus, 4 (1): 256.

Jones L H, Hanke D E, Eeuwens C J, 1995. An evaluation of the role of cytokinins in the development of abnormal inflorescences in oil palm (*Elaeis guineensis* Jacq.) regenerated from tissue culture [J]. Plant Growth Regul, 14 (3): 135‐142.

Jones L H, 1990. Endogenous cytokinin in oil palm (*Elaeis guineensis* Jacq.) callus, embryoilds and regenerat plants measured by radioimmunoassay [J]. Plant Cell, Tissue and Organ Culture, 20: 201‐209.

Kerdsuwan S, Techato S, 2016. Direct somatic embryo formation from roots of in vitro‐seedlings of oil palm (*Elaeis guineesis* Jacq.) [J]. Walailak Journal of Science & Technology, 61 (4): 579‐598.

Khaw C H, Ng S K, 1997. Performance of commercial scale clonal oil palm (*Elaeis guineensis* Jacq.) planting in Malaysia [C]. Brisbane: Int Soc Hort Sci Symp.

Konan E, Kouadio J, Flori A, et al, 2007. Evidence for an interaction effect during in vitro rooting of oil palm (*Elaeis guineensis* Jacq.) somatic embryo‐derived plantlets [J]. In Vitro Cellular Developmental Biology - Plant, 43 (5): 456 - 466.

Konan K, Durand G T, Kouadio Y, et al, 2010. In vitro conservation of oil palm somatic embryos for 20 years on a hormone - free culture mediu: characteristics of the embryogenicculture, derived plantlets and adult palms [J]. Plant Cell Reports, 29 (1): 1 - 13.

Kubis S E, Castilho A M, Vershinin A V, et al, 2003. Retroelements, transposons and methylation status in the genome of oil palm (*Elaeis guineensis*) and the relationship to somaclonal varation [J]. Plant Molecular Biology, 52 (1): 69 - 79.

Kushairi A, Tarmizi A H, Zamzuri I, et al, 2010. Production, performance and advances in oil palm tissue culture [C]. International Seminar on Advances in Oil Palm Tissue Culture, Yogyakarta, Indonesia.

Low E T L, Alias H, Boon S H, et al, 2008. Oil palm (*Elaeis guineensis* Jacq. ) tissue culture ESTs: Identifying genes associated with callogenesis and embryogenesis [J]. BMC Plant Biology, 8 (1): 62.

Malaurie B, 1987. L'embryogenesesomatique en milieu rospe du palmier a huile: *Elaeis guineensis* Jacq. Et *E. guineensis* × *E. melanococca. Premiers resultat* [J]. Oleagineux, 42: 217 - 222.

Martine B M, Laurent K K, Pierre B J, et al, 2009. Effect of storage and heat treatments on the germination of oil palm (*Elaeis guineensis* Jacq. ) seed [J]. African Journal of Agricultural Research. 4: 931 - 937.

Matthes M, Singh R, Cheah S C, et al, 2001. Variation in oil palm (*Elaeis guineensis* Jacq. ) tissue culture - derived regenerants revealed by AFLPs with methylation - sensitive enzymes [J]. Theoretical and Applied Genetics, 102 (6): 971 - 979.

Mgbeze G C, Iserhienrhien A, 2014. Somaclonal variation associated with oil palm (*Elaeis guineensis* Jacq. ) clonal propagation: A review [J]. African Journal of Biotechnology, 13: 989 - 997.

Mohd B W, Choo Y M, Chan K W, 2011. Further advances in oil palm research (2000—2010) [J]. Malaysian Palm Oil Board, 1: 130 - 131.

Morcillo F, Aberlenc B F, Hamon S et al, 1998. Differential accumulation of storage protein, 7s globulins, during zygotic and somatic embryos development in oil palm (*Elaei sguineensis* Jacq. ) [J]. Plant Physiol Biochem，36：509－514.

Morcillo F，Aberlenc B F，Noirot M，et al，1999. Differential effects of glutamine and arginine on 7s globulins accumulation during maturation of oil palm somatic embryos [J]. Plant Cell Rep，18：868－872.

Nur F M，Sharifah S R，Abdullah M O，et al，2012. A time course anatomical analysis of callogenesis from young leaf explants of oil palm (*Elaeis guineensis* Jacq. ) [J]. Journal of Oil Palm Research，24：1330－1341.

Nwankwo B A，Krikorian A D，1983. Morpho－genetic potential of embryo and seedling derived callus of *Elaeis guineensis* Jacq var. pisifera [J]. Becc. Ann. Bot，51：65－76.

Ongabdullah M，Ordway J M，Jiang N，et al，2015. Loss of Karma transposon methylation underlies the mantled somaclonal variant of oil palm [J]. Nature，525（7570）：533－537.

Ooi S E，Harikrishna K，Ongabdullah M，2008. Isolation and characterization of a putative serine/threonine kinase expressed during oil palm tissue culture [J]. Journal of Oil Palm Research，1（2）：14－22.

Ooi S E，Ramli Z，Kulaveerasingam H，et al，2016. *EgHOX1*，a *HD－Zip* II gene，is highly expressed during early oil palm (*Elaeis guineensis* Jacq. ) somatic embryogenesis [J]. Plant Gene，8（C）：16－25.

Paranjothy K，Saxena S，Benerjee M，et al，1990. Clonal multiplication of woody perennials. in plant tissue culture [M]// Applications and Limitations. S. S. Bhojwani（ed. ）. Amsterdam：Elsevier：190－219.

Purand G T，Konan K E，Bondonin L et al，1999. Performance of DXP [J]. Interspecific Hybrids and Clones，151－170.

Rabechault H，Ahee J，Guenin G，1976. Recherchessur la culture in vitro des embryos de palmiera huile (*Elaeris guineensis* Jacq. ）. XII. Effects de substances de croissance a des doses supraoptimales. Relation avec le brunissement des tissues [J]. Oleagineux，31（1）：159－163.

Rabechault H，Guenin G，Ahee J，1970. Colonies cellulaires et forms embryoid esobtenues in vitro a patir de cultures d'embryons de palmier a huile (*Elaeis guineensis* Jacq. var. duraBecc. ）[J]. Carcad Sci Paris，270：3067－3070.

Rajanaidu N，Rohani O，Jalani B S，1997. Oil Palm clones：current status and prospects for commercial production [J]. Planter, 73 (853): 163 - 184.

Rajesh M K, Radha E, Karun A, et al, 2003. Plant regeneration from embryo - derived callus of oil palm - the effect of exogenous polyamines [J]. Plant Cell Tissue and Organ Culture, 75 (1): 41 - 47.

Rao P S, Gannapathi T R, 1993. Micropropagation of palms [M] //Micropropagation of Woody Plants. Netherlands: Springer: 405 - 421.

Rival A K, Triques K, Beule T, et al, 1999. A multi - parameter approach for the study of in vitro photosynthesis [J]. Current Plant Sci Biotech Agric, 36: 437 - 440.

Rival A, Beule T, Barre P, et al, 1997. Comparative flow cytometric estimation of nuclear DNA content in oil palm (*Elaeis guineensis* Jacq. ) tissue cultures and seed - derived plants [J]. Plant Cell Reports, 16 (12): 884 - 887.

Rival A, Jaligot E, Beule T, et al, 2008. Isolation and expression analysis of genes encoding MET, CMT, and DRM methyltransferases in oil palm (*Elaeis guineensis* Jacq. ) in relation to the 'mantled' somaclonal variation [J]. Journal of Experimental Botany, 59 (12): 3271 - 3281.

Rival A, 2000. Somatic embryogenesis in oil palm [M] // Somatic Embryogenesis in Woody Plants. Netherlands: Springer: 249 - 290.

Jain S M, Gupta P K, Newton R J, 1995. Somatic embryogenesis in woody plants [M] // Somatic embryogenesis in woody plants. Kluwer Academic.

Roowi S, Ho C L, Alwee S, et al, 2010. Isolation and characterization of differentially expressed transcripts from the suspension cells cells of oil palm (*Elaeis guineensis* Jacq. ) in response to different concentration of auxins [J]. Molecular Biotechnology, 46 (1): 1 - 19.

Scherwinski - Pereira J, de Guedes R, Fermino P, et al, 2010. Somatic embyogenesis and plant regeneration in oil palm using the thin cell layer technique [J]. In Vitro Cellular and Developmental Biology - Plant, 46 (4): 378 - 385.

Schultz B, Guske S, Damann U, et al, 1998. Endophyte - host - interaction II defining symbiosis of the endophyte - host interaction [J]. Synbiosis, 25: 213 - 227.

Shariff E M, Ti L, Alias H, et al, 2008. Identification of genes expressed in the embryoid tissue of oil palm (*Elaeis guineensis* Jacq. ) tissue culture via expressed sequence tag analysis [J]. Journal of Oil Palm Research, 813 (1): 51–63.

Smith W K, Thomas J A, 1973. The isolation and in vitro cultivation of cells of *Elaeis guineensis* [J]. Oleaginuex, 28: 123–127.

Soh A C, Chow C S, 1989. Index selection in oil palm for cloning [J]. In: Iyama S and Takeda G (eds). Proc. 6th Inernational Congress of SABRAO, Tsukuba, Japan, 713–716.

Soh A C, Wong G, Tang C C, et al, 2001. Recent advances towards commercial production of elite oil palm clones, Palm Oil Congr., 2001 [C]. Kuala Lumpur: Malaysian Palm Oil Board.

Staritsky G, 1970. Tissue culture of oil palm (*Elaeis guineensis* Jacq.) as a tool for its vegetative propagation [J]. Ephytica, 19 (3): 288–292.

Steinmacher D A, Krohn N G, Dantas A C M, et al, 2007. Somatic embryogenesis in peach palm using the thin cell layer technique: induction, morpho – histological aspects and AFLP analysis of somaclonalvariation [J]. Annals of Botany, 100 (4): 699–709.

Tan C C, Wong G, Soh A C, 1999. Acclimatisation and handling of oil palm tissue cultured plantlets for large scale commercial production [C]. PORIM Int. Palm Oil Congr., Kuala Lumpur.

Tan H S, Liddell S, Abdullah M O, et al, 2016. Differential proteomic analysis of embryogenic lines in oil palm (*Elaeis guineensis* Jacq.) [J]. Journal of Proteomics, 143: 334–345.

Tan Y A, Kuntom A, Siew W I, et al, 1999. Present status of crude palm oil quality in Malaysia [C]//Proceedings of the PORIM International Palm Oil Congress. Kuala Lumpor, 203–211.

Tan Y P, Ho Y W, Sharma M, 1996. Truncated leaf symptoms (TLS) on clonal seedlings. Int. Soc [J]. Oil Palm Breeders Newslctt, 12 (1): 1–5.

Tarmizi A H, Marziah M, 1995. The influence of low temperature treatment on growth and proline accumulation in polyembryogenic cultures of oil palm (*Elaeis guineensis* Jacq.) [J]. J. Oil Palm Res, 7: 107–117.

Tarmizi A H, Norjihan M A, Zaiton R, 2004. Multiplication of oil palm suspension culture in a bench – top (2 – litre) bioreactor [J]. Journal of Oil Palm Research, 16 (2): 44–49.

Teixeira J B, Sondahl M R, Kirby E G, 1993. Somatic embryogenesis from immature zygotic embryos of oil palm [J]. Plant Cell Tissue and Organ Culture, 34 (3): 227-233.

Teixeira J B, Sondahl M R, Kirby E G, 1994. Somatic embryogenesis from immature inflorescences of oil palm [J]. Plant Cell Reports, 13 (5): 247-250.

Teixeira J B, Sondahl M R, Nakamura T, et al, 1995. Establishment of oil palm cell suspensions and plant regeneration [J]. Plant Cell Tissue and Organ Culture, 40 (2): 105-111.

Thawaro S, Te-chato S, 2009. Application of molecular markers in the hybrid verification and assessment of somaclonal variation from oil palm propagated in vitro [J]. Science Asia, 35 (2): 142-149.

Thuzar M, Vanavichit A, Tragoonrung S, et al, 2011. Efficient and rapid plant regeneration of oil palm zygotic embryos cv. "Tenera" through somatic embryogenesis [J]. Acta Physiol Plant, 33 (1): 123-128.

Toh C, Namasivayam P, Ling H C, et al, 2015. Isolation and characterization of EgGST, a glutathione S-transferase protein transcript in oil palm (*Elaeis guineensis* Jacq. ) [J]. Pertanika Journal of Tropical Agricultural Science, 38 (2): 235-257.

Touchet B, Duval Y, Pannetier C, 1991. Plant regeneration from embryogenic suspension cultures of oil palm (*Elaeis guineensis* Jacq. ) [J]. Plant Cell Reports, 10 (10): 529-532.

Wahid M B, Abdullah S N A, Henson I E, 2005. Oil palm-achievements and potential [J]. Plant Prod Sci, 8: 288-297.

Willis L U, Gil G A, Lee H L T, et al, 2008. Application of spectroscopic methods for the automation of oil palm culture [J]. J Oil Palm Res (Special Issue), 1: 1-3.

Wong B R, Josien R, Choi Y, 1999. Trance is a TNF family member that regulates dendritic cell and osteoclast function [J]. J Leukoc Biol, (65): 715-724.

Wong C K, Bernardo R, 2008. Genomewide selection in oil palm: increasing selection gain per unit time and cost with small populations [J]. Theor Appl Genet, 116: 815-824.

Wong G, Tan C C, Soh A C and Chong S P, 1999. Clonal propagation of oil palm through tissue culture [J]. Planter, 75: 221-230.

Wong J K, Hezareh M, Gunthard H F, et al, 1997. Recovery of replication -
competent HIV despite prolonged suppression of plasma viremia [J]. Science,
(278): 1291 - 1295.

Wooi K C, 1990. Oil palm (*Elaeis guineensis* Jacq. ): tissue culture and micro-
propagation [M]//Biotechnology in agriculture and forestry 10: Legumes
and oilseed crops Ⅰ (Ed. By Y. P. S. Bajaj), Berlin: Springer: 569 - 592.

Wooi K C, 1995. Oil palm tissue culture - current practice and constraints.
[M]//Proc. of the 1993 ISOPB Intl. Symp. On Recent Development in Oil
Palm Tissue Culture and Biotechnology. Eds. Rao V, Henson I E, and Ra-
janaidu N [J]. Palm Oil Research Institute of Malaysia, Kuala Lumpur: 21 - 32.

Zamzuri I, Mohd A S, Rajanaidu N, et al, 1998. Clonal oil palm planting ma-
terial production: an economic analysis [J]. Planter, 74: 597 - 619.

Zeven A C, 1973. The "mantled" oil palm (*Elaeis guineensis* Jacq. ) [J]. J W
AfrInst Oil Palm Res, 5: 31 - 33.

# 第七章　油棕分子育种展望

## 第一节　育种目标

随着全球人口的快速增加，粮油短缺问题依然是世界农业发展的巨大危机和挑战。预计到 2050 年全球人口将达到 100 亿，解决粮油问题至关重要。油棕既面临巨大的挑战，又面临难得的机遇。全球气候的改变对油棕的生长环境产生巨大影响。气候变暖一方面导致海平面上升、土地面积减少，另一方面也使一些热带作物的栽培面积向赤道两侧延伸，栽培区域扩大。然而，大面积的油棕种植，增加食用油产量的同时也对热带雨林造成巨大的破坏。一方面，单一物种的大面积栽培破坏了生态环境的物种多样性；另一方面，超量使用化肥和农药对环境的污染极其严重。如何解决或者缓解这些问题，对油棕育种提出了更高的要求。未来油棕育种方向包括高不饱和脂肪酸含量、营养高效吸收、高种植密度、耐旱、耐寒、长果穗柄、矮化、低脂肪酶品种等。

### 一、高不饱和脂肪酸品种

研究表明，长期摄入大量饱和脂肪酸，尤其是棕榈酸，易患高血压、动脉硬化等心脑血管疾病，而油酸、亚油酸等不饱和脂肪酸对人体是有益的，能够帮助人体减少胆固醇和甘油三酯的积累，抑制血栓的形成。棕榈油中的棕榈酸含量在 40% 以上，因此降低油棕果的棕榈酸含量，提高油酸和亚油酸含量是油棕育种的重要目标之一。油脂饱和度通常采用碘值（Iodine Value，IV）衡量，碘值越高，油的不饱和脂肪酸含量越多，目前棕榈油的碘值在 50～53。Rajanaidu 等（1999）对 MPOB‐Nigerian 种质资源圃的 3 000 株油棕进行评价筛选，发现一些碘值高于 60 的单株，利用其中的 3 个高产株和高碘值尼日利亚厚壳种油棕材料获得高碘值的栽培种 PS2。2013 年，Rajianaidu 又培育出碘值更高的油棕栽培种 PS2.1。油酸是棕榈油中含量最高的单不饱和脂肪酸，选育出高油酸含量的油棕，具有广阔的应用前景。MPOB 采用气液色谱对其种质资源圃中的油棕资源进行筛选，发现油棕自然群体中脂肪酸组分变异较大，大多数油棕的油酸含量在 37%～40%。随后，从中筛选出 15 个油酸含量在 48% 以上的油棕单株作为高油酸育种群体 PS12（表 7-1），这些材料在培育高油酸和高碘值油棕商业品种中具有重要的作用。

表 7-1　高不饱和脂肪酸油棕育种群体

(Rajanaidu 等，1999)

| 亲本 | | 自交后代 | |
|---|---|---|---|
| 编号 | 碘值 | 编号 | 碘值 |
| 0.151/814 | 61.4 | PK486 | 61.4 |
| 0.151/146 | 65.4 | PK488 | 60.0 |
| 0.151/1861 | 61.4 | PK591 | 61.9 |
| 0.151/305 | 61.4 | PK543 | 59.0 |
| 0.151/971 | 64.4 | PK549 | 60.8 |
| 0.151/48 | 61.4 | PK515 | 64.2 |
| 0.151/903 | 63.9 | PK533 | 59.5 |
| 0.151/1662 | 66.4 | PK597 | 58.8 |
| 0.151/618 | 61.2 | PK507 | 64.6 |
| 0.151/128 | 63.4 | PK540 | 61.6 |

## 二、营养高效利用率品种

油棕高产的一个重要因素是充足的肥料供应，特别是氮的供应。大量施用氮肥一方面增加了油棕种植的成本，耗费大量的化石能源；另一方面也对土壤、水源、大气环境造成严重污染。油棕种植过程中，油棕真正利用氮肥的比例不到 50%，大量氮肥随着降雨、挥发等途径转移到河流和大气中。提高油棕的氮肥利用效率对降低油棕园管理成本、减少环境污染有非常重要的意义。提高油棕氮肥利用效率，一方面可以从栽培的角度，根据油棕的需肥特性合理施用氮肥，通过改善油棕园的土壤理化性质促进油棕对氮肥的吸收；另一方面可以从育种的角度，培育氮肥高效品种。氮肥高效品种又可以分为两种：氮吸收高效品种和氮利用高效品种。通过选育根系发达、根系密度大、根系分布较深的油棕品种，能够有效提高油棕对土壤中氮肥的吸收效率。同时可以基于油棕基因组数据库挖掘氮吸收的转运蛋白，通过转基因的方式提高氮转运蛋白的基因表达，进而提高油棕对氮的吸收效率。

## 三、高种植密度品种

为进一步提高油棕单位面积产量，增加种植密度是可行的途径。哥斯达黎加 ASD 公司目前已经培育出一系列高种植密度品种。其种植密度大，产油量高，如下所示：

品种 Avalanche，该品种每公顷种植 160 株，果穗中等大小，果穗含油量高达 28.5%，叶片短，树干矮化，第三年和第四年的鲜果穗产量分别可以达到 30 t/hm² 和 45 t/hm²。该品种来自 Compact×Nigeria 的高世代后代，其中厚壳种母本源于美洲油棕和非洲油棕的回交后代（图 7-1）。

品种 Supreme，每公顷可以种植 160 株，果穗大小适中，果实大，第三年和第四年鲜果穗产量分别可以达到 30 t/hm² 和 45 t/hm²。该品种来自 Deli×Compact 的高世代后代（图 7-2）。

品种 Challenger，每公顷可以种植 170 株，果穗大小适中，果穗含油量高，叶片和树干短，第三年和第四年鲜果穗产量分别可以达到 30 t/hm² 和 45 t/hm²。该品种来自 Compact×Ghana 的高世代后代（图 7-3）。

品种 Evolution Blue，每公顷可以种植 160 株，果穗和果实大，第三年鲜果穗产量可以达到 30 t/hm²。该品种来自 Compact×Evolution 的高世代后代（图 7-4）。

图 7 - 1 高种植密度油棕品种
Avalanche

图 7 2 高种植密度油棕品种
Supreme

图 7 - 3 高种植密度油棕品种
Challenger

图 7 - 4 高种植密度油棕品种
Evolution Blue

品种 Themba，每公顷可以种植 160 株，果穗大小适中，叶片和树干短，在海拔 1 000 m 以上的乌干达和赞比亚依然有较好的产量表现，能在降水量少、光照低、海拔高的地区种植。该品种来自 Deli × Ghana 的高世代后代（图 7 - 5）。

图 7 - 5 高种植密度油棕品种 Themba

# 四、耐旱品种

油棕起源于非洲热带的河谷地区，喜温暖湿润的环境。在降水量充沛且降雨时间分布均匀的地区，油棕生长良好。年降水量低于2 000 mm或者月降水量低于100 mm都会导致油棕生长受抑制，油棕果产量下降。非洲年平均降水量为1 200～3 500 mm，美洲年平均降水量为1 600～3 500 mm，油棕主产国马来西亚和印度尼西亚的年平均降水量为1 700～4 000 mm。月降水量少于100 mm的月份即为油棕生长的旱季，非洲每年旱季的时间为3～6个月，美洲每年旱季时间为0～5个月，马来西亚和印度尼西亚每年旱季时间为0～3个月。在泰国南部的油棕种植区域，每年3～4个月的旱季会导致油棕产量下降25%～35%。选育耐旱品种在非洲、美洲和东南亚等一些降水分布不均的地方有重要的意义。利用分子标记技术找到并精确定位控制油棕耐旱的基因，采用分子标记辅助选择，选育抗旱材料。随着近十年植物科学在逆境生理上取得的突破性进展，特别是在拟南芥和水稻上分别克隆了大量与耐旱相关的基因，基于作物基因组之间的共线性，利用分子生物学手段，可以在油棕中挖掘与耐旱相关的功能蛋白、转录因子和信号传导因子；然后采用遗传转化的方式将这些与耐旱密切相关的基因导入到油棕基因组中，增强油棕的抗旱性。

哥斯达黎加ASD公司培育了耐旱品种Bamenda，是Bamenda×Ekona的高世代后代，其中母本Bamenda来自喀麦隆海拔1 200 m的Bamenda地区。该品种树干生长缓慢，果穗大小适中，果实小，含油量中等（图7-6）。

图7-6　耐旱油棕品种Bamenda

耐旱品种Kigoma，是Tanzania×Ekona的高世代后代，其中母本Tanzania来自坦桑尼亚靠近维多利亚湖的高海拔地区。该品种树干生长速度适中，果穗和果实大小适中，果穗含油量高，种仁大，种壳薄，耐干旱和低温（图7-7）。

耐旱品种 La Mé 是 Deli×La Mé 的高世代后代，该品种树干生长速度适中，果穗大小适中，果实小，含油量中等，耐干旱（图7-8）。

图 7-7 耐旱油棕品种 Kigoma　　图 7-8 耐旱油棕品种 La Mé

## 五、耐寒品种

油棕起源于热带地区，性喜高温多湿的气候，日均温在 18 ℃以上才开始生长，最适温度为 24～28 ℃，对低温的反应非常敏感，在一些低于 20 ℃的区域，油棕也能生长，但油棕果的产量会大幅度下降。低温是限制油棕栽培面积的重要因素之一。田间试验发现，油棕处于白天温度 22 ℃、夜间温度 8 ℃的环境中，就会出现叶片失绿黄化、营养生长受到明显抑制的现象。当温度低于 21 ℃时，油棕会出现授粉受精不良、果实成熟推迟的现象。在洪都拉斯的特拉地区，每年有 4 个月最低温度在 18 ℃左右，这段低温时期油棕开花少且败育严重，产量极低，全年 90％的产量分布在温度较高的 6—12 月。

我国热带、亚热带地区的温度条件与油棕原产区的差异较大，每年秋冬季节，受低温和寒潮的影响，从国外引进的油棕品种产量低，适应性尤其是抗寒性较差，种植区域受限，严重阻碍了我国油棕产业的进一步发展。虽然近年我国从印度尼西亚和马来西亚等国引进了高产的优良品种，但是都是杂交品种，种植后代容易出现性状分离，高产、抗寒品种的缺乏成为限制我国油棕产业发展的主要因素。因此，培育具有自主产权的、能够适应我国气候的高产和抗寒新品种是我国油棕产业发展的关键，是获得高产和扩大油棕种植面积的前提。

采用分子育种手段提高油棕的抗寒性，进而扩大油棕栽培区域，这对油棕产业的发展有非常重要的意义。

## 六、长果穗柄品种

油棕种植属于劳动密集型产业，油棕园在管理过程中的叶片修剪和果实采收都需要大量劳动力，随着人工成本的不断提高，油棕园的管理成本逐年攀升。目前栽培的油棕，果穗柄较短，果穗生长在茎和叶柄的夹缝中，采收难度较大。生产上通常是人工先把成熟油棕果周围的叶片割掉后，再进行果穗采收，人工采果不仅费时费力，而且效率极低。由于油棕的果穗较短，直接采用机械化采收，很容易破坏油棕树体。采用机械采收要求油棕果穗柄长度达到 20 cm 以上。马来西亚棕榈油总署在种资资源圃中筛选到 10 株长果穗柄的油棕单株（8 株厚壳种和 2 株薄壳种），随后利用这些育种材料进行杂交育种，最终获得长果穗柄油棕 PS10（图 7-9、表 7-2）。统计发现，这些油棕的果穗柄长度在 27～36 cm，而且鲜果穗产量也在 169～221 kg/(株·年)。然而，长果穗柄性状产生的分子机制还不明晰，需挖掘控制果穗柄发育的关键基因，开发相应的分子标记进行辅助选择育种。通过分子育种手段选育长果穗柄的油棕

图 7-9　长果穗柄品种

品种，将有利于采用机械化采收，提高采收效率，降低生产成本。

**表 7-2  长果穗柄油棕育种群体**

(Noh 等，2005)

| 编　号 | 果实类型 | 果穗柄长度（cm） | FFB [kg/（株·年）] |
|---|---|---|---|
| 0.312/416 | Dura | 36.3 | 171.19 |
| 0.312/894 | Tenara | 35.5 | 205.8 |
| 0.312/1074 | Dura | 35.5 | 169.1 |
| 0.312/1263 | Tenera | 30.3 | 221.3 |
| 0.311/331 | Dura | 27.0 | 203.2 |
| 0.311/612 | Dura | 33.7 | 186.2 |
| 0.311/627 | Dura | 31.0 | 180.4 |
| 0.311/645 | Dura | 30.0 | 181.0 |
| 0.312/359 | Dura | 30.0 | 189.1 |
| 0.312/682 | Dura | 28.8 | 194.7 |

# 七、矮化品种

油棕的茎直立，随着年龄的增加，油棕树体不断增高，每年高度增加 40～75 cm，10 年的油棕树体达到 7 m 以上。随着树体的增高，油棕叶片修剪、授粉、打药、果实采收难度也不断增加。MPOB 的科研人员在 MPOB-Nigerian 群体中筛选出 7 株矮化的厚壳种油棕，之后通过杂交的方式获得商业种植品种 PS1，每年的生长高度在 14～19 cm（表 7-3）。另外，哥斯达黎加 ASD 公司培育出了一系列的矮化品种，如 Avalanche 等。然而，这些品种矮化形状产生的分子机制还不是很明确，下一步应利用这些矮化品种研究油棕矮化的分子机理，通过分子育种手段定向选育油棕矮化品种，对于降低油棕园管理成本有非常重要的意义。

**表 7 - 3　矮化油棕育种群体**

（Kushairi 等，1999）

| 父母本 | 鲜果穗 | | 编号 | 平均果穗重 | 高度增加量（cm/年） |
| --- | --- | --- | --- | --- | --- |
| | kg/（株·年） | t/（hm²·年） | | | |
| NGA 26.04 | 204 | 30.3 | 20 | 10.08 | 16 |
| NGA 18.02 | 217 | 32.2 | 17 | 13.63 | 14 |
| NGA 16.11 | 226 | 33.5 | 13 | 17.64 | 19 |
| NGA 17.04 | 207 | 30.7 | 19 | 11.94 | 15 |
| NGA 16.27 | 211 | 31.3 | 17 | 12.28 | 18 |
| NGA 20.02 | 225 | 33.4 | 22 | 10.46 | 18 |
| NGA 36.07 | 218 | 32.3 | 23 | 9.92 | 19 |

# 八、低脂肪酶品种

游离脂肪酸含量是衡量棕榈油品质的重要指标之一。游离脂肪酸含量过高，棕榈油容易氧化腐败。脂肪酶是甘油三酯降解代谢过程中的关键酶之一。在油棕果从采收到运输至加工厂的过程中，脂肪酸酶将甘油三酯水解形成甘油和游离脂肪酸，因此降低脂肪酶活性是维持棕榈油品质的重要手段之一。MPOB 对种质资源圃中的油棕游离脂肪酸含量进行评价分析，发现果肉中游离脂肪酸含量变异较大，部分从尼日利亚、喀麦隆、几内亚、塞拉利昂、塞内加尔和坦桑尼亚收集的油棕单株的果肉，在 5 ℃环境下游离脂肪酸含量低于 10%，远低于目前商业化栽培的品种；其中包括 4 个厚壳种，4 个薄壳种，而且这些单株的鲜果穗重在 144 kg/（株·年）以上，产油量在 22 kg/（株·年）以上（表 7 - 4）。这些油棕单株是培育低脂肪酶品种的重要育种材料。Morcillo 等（2013）采用图位克隆的方法克隆了编码脂肪酶的基因 *EgLIP1*，利用该基因信息采用分子标记辅助育种、转基因和基因编辑等方式培育低脂肪酶油棕品种，能够大幅度减少油棕果酸败变质，提高棕榈油品质。

**表7-4 低脂肪酶油棕育种群体**

(Maizura 等, 2008)

| 编 号 | 果实类型 | FFB [kg/(株·年)] | 产油量 [kg/(株·年)] | 5℃游离脂肪酸含量（%） |
|---|---|---|---|---|
| 0.353/216 | Tenera | 199.23 | 48.33 | 1.05 |
| 0.256/2246 | Tenera | 144.08 | 41.55 | 9.90 |
| 0.219/833 | Tenera | 159.18 | 42.96 | 8.20 |
| 0.353/182 | Tenera | 189.27 | 41.41 | 1.52 |
| 0.256/2259 | Dura | 203.77 | 23.58 | 9.90 |
| 0.256/157 | Dura | 179.05 | 22.63 | 4.82 |
| 0.256/2243 | Dura | 179.07 | 32.34 | 2.04 |
| 0.353/188 | Dura | 176.23 | 28.04 | 3.60 |

# 第二节 新的分子育种手段在油棕育种中的应用

随着分子生物学技术手段的快速发展，如基因组选择、转基因、基因编辑等被应用于植物学研究，油棕分子生物研究也取得较快发展。油棕基因组序列的破译标志着油棕分子育种也跨入一个新的时代。

## 一、基因组选择技术

2001年Meuwissen首先提出全基因组选择（Genome Selection）的概念。全基因组选择是利用覆盖全基因组的单核苷酸多态性进行个体遗传评估，得到基因组的育种值，从而只利用这些预测的育种值来进行选择。全基因组选择在动物育种领域已有大量应用，而在植物育种领域还处于起步阶段。全基因组选择的方法主要有两种：一种是标记效应估计法，另一种是基于遗传关系矩阵预测GEBV的GBULP（Genome Best Linear Unbiased Predictio）法。

与分子标记辅助育种相比，全基因组选择具有诸多的优势。（1）分子标记检测不了全部的遗传变异和全部的遗传效应，也不能对这些效应进行评估；全基因组选择可以通过与染色体片段连锁的分子标记来估算全基因组内的数量性状位点对表型的贡献值，然后计算个体的育种值进行筛选。（2）标记辅助选择很难有效地针对大量性状同时选择，且不同性状的标记常常不同，也增加了检测的成本；而全基因组选择的成本比较低。基因组选择应用于植物育种的发展历程较短。2007年Piyasatin等首次将基因组选择运用于植物，用自交系杂交提高了基因组选择的效率。Bernardo和Yu等对玉米进行了模拟研究，通过对3个周期的双单倍体品系的选择，对基因组选择技术和分子标记轮回选择技术进行比较，发现在QTL数量为20、40和100的情况下，基因组选择效率比分子标记轮回选择技术高18%～43%。Cros等（2015）在两个传统相互轮回选择群体Deli和Group B中利用265个SSR标记进行基因组选择分析，在预测8个产量性状育种值时评估群体内的基因组选择精度。Cros等（2015）比较了基因组选择和相互轮回选择的时间间隔和强度，发现在1 700个杂交种中基因组选择的响应高于相互轮回选择。基因组选择能快速提高性状表现，比如油棕果穗产量性状。Kwong等（2017）在商业群体Ulu Remis×AVROS的1 218个单株中利用OP200K芯片鉴定基因型，测定果实种壳比例、果实中果皮比例、果实种仁比例、果穗果实比例、果穗含油量和单株产油量性状，这些性状的遗传力在0.40～0.80。采用RR-BLUP、贝叶斯A、$C_\pi$、Lasso和岭回归方法进行基因组选择评估，预测精度为0.40～0.70，与性状的遗传力相关。虽然植物全基因组选择还处于研究初期，但随着基因分型技术的进步和成本降低，油棕全基因组选择育种将会有广阔的应用前景。

## 二、转基因技术

转基因技术体系的建立实现了外源基因精准导入，打破了物种之间的隔阂。目前已有大量的作物采用转基因技术进行遗传改良，获得转基因作物，例如耐贮藏的转基因番茄、抗棉铃虫转基因棉花、抗鳞翅目昆虫转基因水稻、抗草甘膦转基因大豆、抗环斑病毒的转基因番木瓜等。

目前转基因油棕的研究还处于实验阶段，包括遗传转化体系的构建、再生植物培养方法的建立。转化体系的建立是转基因油棕育种的基础。最早的油棕转化体系报道是 Parveez 等（2007）采用基因枪对胚性愈伤组织进行微粒子轰击介导的遗传转化系统。随后农杆菌介导的遗传转化系统被应用于油棕转化的研究中，Masli 等（2009）对质壁分离的油棕胚性愈伤组织采用无 DNA 粒子轰击造成物理伤害，添加乙酰丁香酮，用 LBA4404 农杆菌把抗草铵膦基因转入油棕。最近的研究报道是通过显微注射和 PEG 介导的遗传转化将外源基因转入油棕的原生质体中。目前，油棕原生质体再生成为植株的技术体系还有很多技术问题，如周期长、存在体细胞变异等。油棕转基因研究还处于实验室科研中，没有转基因的油棕植株应用于生产。Zhao 等（2017）利用 $Fe_3O_4$ 磁性纳米粒子作为基因载体，在外加磁场介导下将外源基因输送至花粉内部，利用人工授粉通过自然生殖过程直接获得转化种子，然后再经过选育获得稳定遗传的转基因棉花，提高对棉铃虫的抗性。这项技术能够有效解决组织培养再生周期长的问题，可以在油棕中进行尝试。转基因技术作为一种精准、定向的遗传改良手段在油棕分子育种中有非常广阔的应用前景。

## 三、基因编辑技术

常规油棕育种方式包括杂交育种、诱变育种和实生选种等，这些育种技术高度依赖种质资源，而且育种周期长、成本高；转基因育种能够定向改变油棕的农艺性状，但也可能会带来生物安全性问题。最新发展的基因编辑技术能够有效避免这些问题。基因编辑是指天然基因的部分被合成的 DNA 链所取代或填充，具体就是采用分子生物学手段，在微观层面对生物的基因组进行修饰，从而达到定点改造基因的目的。由于基因编辑技术是对物种本身的基因组进行修饰和改造，没有导入外源基因，不存在转基因安全性的问题。早期，科研人员主要利用同源打靶重组技术，转入具有同源臂的外源基因，利用同源重组实现基因编辑。基因编辑的工具包括锌指核糖核酸酶（Zinc-finger Nucleases，ZFN）、类转录激活样效应物核酸酶（Transcription Activator-like Effector Nucleases，TALEN）和成簇规律间隔短回文重复技术（Clustered Regulatory Interspaced Short Palindromic Repeat/Cas-based RNA-guided DNA endonucleases，CRISPR/Cas）。

ZFN 是一种人工制作的限制性内切酶，由锌指结构的 DNA 结合结构域和 DNA 切割结构域（Fok Ⅰ核酸内切酶）融合而成。ZFN 能够识别并结合指定的位点，高效且精确地切断靶 DNA。随后细胞利用天然的 DNA 修复过程中的同源定向修复（HDR）或非同源末端接合（NHEJ）来修复靶 DNA 的断裂，应用 ZFN 技术靶向修饰基因组的成功率为 1%～20%（图 7-10）。

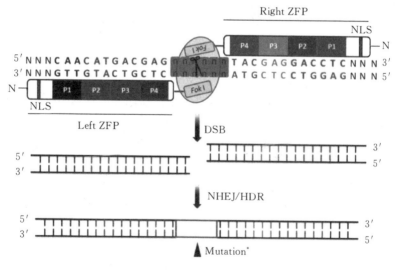

图 7-10　ZFN 介导到基因编辑示意图
(Xiong 等，2015)

TALEN 是一种源于植物致病菌的靶向基因操作技术，由一系列 Tal 蛋白串联构成的 DNA 识别域和非特异性核酸内切酶 Fok Ⅰ组成。Bogdanove 和 Boch（2011）发现植物中的病菌黄单胞杆菌（Xanthomonas）的类转录激活因子蛋白能够与 DNA 核酸分子特异性结合。类转录激活因子由 N 端的分泌信号、中部的 DNA 结合域（DB）、一个核定位信号（NLS）和 C 端的激活域组成，位于结构域的中间部分由一段串联重复氨基酸残基（RVDs）组成，高特异性的 RVDs 提供了与靶向 DNA 序列碱基特异结合及识别的能力。全长为 34 个氨基酸的 Tal 蛋白的第 12、第 13 位氨基残基可以特异性地识别核苷酸碱基，NG 可以识别 T，HD 可以识别 C，NI 可以识别 A，NN 可以识别 G 或 A。通过这种特异性识别，将多个 Tal 蛋白组装在一起，再加上 Fok Ⅰ核酸内切酶，就可以构成识别目的片段的 Tale 蛋白。一段可以特异性识别靶基因的 Tale，定位到需要编辑的基因组区域；然后非特异性核酸内切酶 Fok Ⅰ切断双链 DNA，从而造成 DNA 双链断裂，再通过 DNA 的自我修复，引起碱基的缺失或突变，从而引起基因突变。TALEN 质粒对共转入细胞后，表达两个融合蛋白，分别与靶位点特异结合，由于两个 TALEN 融合蛋白中的 Fok Ⅰ临近，形成二聚体，发挥非特异性内切酶活性，在两个靶位点之间剪切 DNA（图 7-11）。TALEN 的技术无基因序列、细胞、物种限制，能够对任意基因进行敲除，在保证转染效率的前提下，有效性可达 95% 以上。目前 TALEN 已在人、大鼠、小鼠、猪、羊、斑马鱼、拟南芥及酵母等多个物种中得到成功应用。

CRISPR - Cas 系统是一种原核生物的免疫系统，用来抵抗外源遗传物质的入侵，比如噬菌体病毒和外源质粒。同时，它为细菌提供了获得性免疫，当细菌遭受病毒或者外源质粒入侵时，会产生相应的"记忆"，从而可以抵抗它们的再次入侵。CRISPR 序列由众多短而保守的重复序列区和间隔区组成。重复序列区含有回文序列，可以形成发卡结构，间隔区是被细菌俘获的外源 DNA 序列

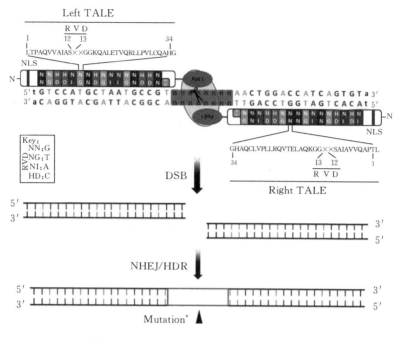

图 7 - 11　TALEN 介导的基因编辑示意图
(Xiong 等，2015)

（图 7 - 12）。在上游的前导区是 CRISPR 序列的启动子。另外，在上游还有一个多态性的家族基因，该基因编码的蛋白均可与 CRISPR 序列区域共同发生作用。因此，该基因被命名为 CRISPR 关联基因（CRISPR associated，Cas）。目前已经发现了 *Cas1* 到 *Cas10* 等多种类型的 *Cas* 基因。*Cas* 基因与 CRISPR 序列共同进化，形成了在细菌中高度保守的 CRISPR/Cas 系统。

随着 CRISPR/Cas9 技术的发现和利用，科研人员能够对基因组进行高效的靶向修饰。目前基因编辑技术在植物研究中也取得重大突破，大量学者将基因编辑技术应用于拟南芥、水稻、小麦、番茄等植物中，对产量、抗病等基因进行编辑和修饰，并取得了丰硕成果。Li 等采用 CRISPR/Cas9 技术对水稻产量相关基因（*Gnla*、

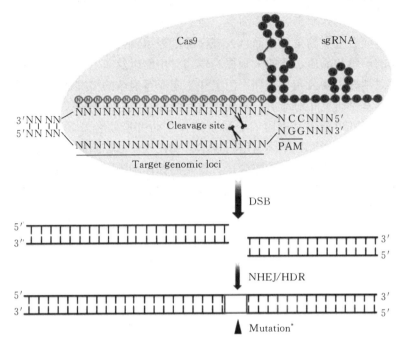

图 7-12　CRISPR/Cas9 介导的基因编辑示意图
（Xiong 等，2015）

*DEP1*、*GS3* 和 *IPA1*）进行修饰，修饰后的水稻籽粒数目增加、直立穗密集、籽粒变大。Zhang 等（2017）采用 CRISPR/Cas9 技术对小麦 *TAEDR-1A*、*TaEDRI-1B* 和 *TaEDR1-1D* 基因进行敲除，获得对白粉病具有抗性的突变植株。Li 等（2017）采用 CRISPR/Cas9 技术对番茄八氢番茄红素脱氢酶基因进行突变，获得高 γ 氨基丁酸含量的番茄植株。Javier 等（2018）采用 CRISPR/Cas9 介导的靶向去甲基技术和改良的 SunTag 技术对拟南芥的 *FWA* 基因启动子进行 DNA 胞嘧啶去甲基化，上调 *FWA* 的表达量，得到可遗传的晚花植株。

随着油棕全基因组的测序完成，基因功能的研究将会成为后基因时代的重点，研究人员围绕油棕农艺性状和抗性基因的挖掘和功能验证开展了大量的研究。基因编辑技术特别是 CRISPR/Cas9 技术具有编辑效率高、操作简单、成本低廉等特点，在作物遗传育种中扮演着重要的角色。而且大规模的基因编辑技术不仅能够提高作物的产量和品质，还能大幅提高作物对生物以及非生物胁迫的耐受性。油棕主要分布在非洲、南美和东南亚等地区的欠发达国家，因而其基础研究相对滞后，目前还没有油棕基因组编辑相关的研究报道。MPOB 已经和中国农业科学院作物研究所联合开展油棕基因编辑技术的研究，基因组编辑技术将会在改良油棕脂肪酸组成，提高棕榈油的不饱和脂肪酸含量，提高油棕体细胞胚胎发生效率及缩短组织培养周期，提高对灵芝真菌病抗性等常规育种方式难以攻克的育种难题中扮演重要的角色。

──────── 参 考 文 献 ────────

Auffray B, 2007. Protection against singlet oxygen, the main actor of sebum squalene peroxidation during sun exposure, using *Commiphora myrrha* essential oil [J]. International Journal of Cosmetic Science, 29 (1): 23 - 29.

Azzeme A M, Abdullah S N A, Aziz M A, et al, 2017. Oil palm drought inducible DREB1, induced expression of DRE/CRT - and non - DRE/CRT - containing genes in lowland transgenic tomato under cold and PEG treatments [J]. Plant Physiology & Biochemistry, 112: 129 - 151.

Bahariah B, Ghulam K A, Khalid N, 2012. Determining the optimal concentration of mannose as an effective selection agent for transformed oil palm cells using the phosphomannose isomerase (pmi) gene as a positive selectable marker [J]. Journal of Oil Palm Research, 46 (24): 52 - 59.

Boch J, Scholze H, Schornack S, et al, 2010. Breaking the code of DNA binding specificity of TAL - Type Ⅲ effectors [J]. Science, 326 (5): 1509 - 1512.

Bogdanove A J, Voytas D F, 2011. TAL Effectors: Customizable proteins for DNA targeting [J]. Science, 333 (6051): 1843 - 1846.

Canfield L M, Kaminsky R G, 2017. Red palm oil in the maternal diet improves the vitamin A status of lactating mothers and their infants [J]. Food & Nutrition Bulletin, 21 (2): 144 - 148.

Cazzonelli C I, 2011. Carotenoids in nature: insights from plants and beyond [J]. Functional Plant Biology, 38 (11): 833 – 847.

Chowdhury M K U, Parveez G K A, Saleh N M, 1997. Evaluation of five promoters for use in transformation of oil palm (*Elaeis guineensis* Jacq.) [J]. Plant Cell Reports, 16 (5): 277 – 281.

Gallego B, Gardiner J, Liu W, et al, 2018. Targeted DNA demethylation of the Arabidopsis genome using the human TET1 catalytic domain [J]. Proceedings of the National Academy of Sciences of the United States of America.

Gka P, Mku C, Saleh N M, 1998. Biological parameters affecting transient *GUS* gene expression in oil palm (*Elaeis guineensis* Jacq.) embryogenic calli via microprojectile bombardment [J]. Industrial Crops & Products, 8 (1): 17 – 27.

Han J Y, In J G, Kwon Y S, et al, 2010. Regulation of ginsenoside and phytosterol biosynthesis by RNA interferences of squalene epoxidase gene in *Panax ginseng* [J]. Phytochemistry, 71 (1): 36.

Izawati A M, Parveez G K, Masani M Y, 2012. Transformation of oil palm using *Agrobacterium tumefaciens* [J]. Methods in Molecular Biology, 847 (847): 177.

Kohno Y, Egawa Y, Itoh S, et al, 1995. Kinetic study of quenching reaction of singlet oxygen and scavenging reaction of free radical by squalene in n – butanol [J]. Biochim Biophys Acta, 1256 (1): 52 – 56.

Kribii R, Arró M, Arco A D, et al, 1997. Cloning and characterization of the *Arabidopsis Thaliana* SQS1 gene encoding squalene synthase [J]. FEBS Journal, 249 (1): 61 – 69.

Kwong Q B, Ong A L, Teh C K, et al, 2017. Genomic selection in commercial perennial crops: applicability and improvement in oil palm (*Elaeis guineensis* Jacq.) [J]. Sci Rep, 7 (1): 2872.

Li M, Li X, Zhou Z, et al, 2016. Reassessment of the four yield – related genes *Gn1a*, *DEP1*, *GS3* and *IPA1* in rice using a CRISPR/Cas9 system [J]. Frontiers in Plant Science, 7 (12217): 377.

Li R, Li R, Li X, et al, 2017. Multiplexed CRISPR/Cas9 – mediated metabolic engineering of γ – aminobutyric acid levels in *Solanum lycopersicum* [J]. Plant Biotechnology Journal, 16 (2): 415 – 427.

Masani M Y, Noll G A, Parveez G K, et al, 2014. Efficient transformation of oil palm protoplasts by PEG – mediated transfection and DNA microinjection [J]. PloS ONE, 9 (5): e96831.

Masani M Y, Noll G, Parveez G K A P, et al, 2013. Regeneration of viable oil palm plants from protoplasts by optimizing media components, growth regulators and cultivation procedures [J]. Plant Science, 210 (9): 118 – 127.

Masani M Y, Parveez G K, Izawati A M, et al, 2009. Construction of PHB and PHBV multiple – gene vectors driven by an oil palm leaf – specific promoter [J]. Plasmid, 62 (3): 191 – 200.

Masli D I A, Parveez G K A, Yunus A M M, 2009. Transformation of oil palm using *Agrobacterium tumefaciens*. Journal Oil Palm Research [J]. Journal of Oil Palm Research, 21: 643.

Morcillo F, Cros D, Billotte N, et al, 2011. Improving palm oil quality through identification and mapping of the lipase gene causing oil deterioration [J]. Nature Communications, 4: 2160 – 2160.

Parveez G K A, Chowdhury M K U, Saleh N M, 1997. Physical parameters affecting transient *GUS* gene expression in oil palm (*Elaeis guineensis* Jacq. ) using the biolistic device [J]. Industrial Crops & Products, 6 (6): 41 – 50.

Parveez G K A, Majid N A, Zainal A, et al, 2007. Determination of minimal inhibitory concentration of selection agents for selecting transformed immature embryos of oil palm [J]. Asia – Pacific Journal of Molecular Biology and Biotechnology, 15 (15): 133.

Rajanaidu N, Jalani B S, Kushairi A, 1999. The development of dwarf (PS1) and high iodine value (PS2) planting materials. Proceedings of PORIM international Palm Oil Congress on Emerging Technologies and Opportunities in the Next Millennium [C]. Palm Oil Res. Inst. of Malaysia, Bangi, 12

Tittinutchanon P, Nakharin C, Clendon J H, et al, 2008. A review of 15 years of oil palm irrigation research in Southern Thailand [J]. Planter.

Wong C K, Bernardo R, 2008. Genomewide selection in oil palm: increasing selection gain per unit time and cost with small populations [J]. Theoretical & Applied Genetics, 116 (6): 815 – 824.

Xiong J S, Ding J, Li Y, 2015. Genome – editing technologies and their potential application in horticultural crop breeding [J]. Horticulture Research,

2：15019.

Zainal A，Majid N A，2000. Transgenic oil palm：production and projection [J]. Biochemical Society Transactions，28（6）：969－972.

Zhang Y，Yang B，Wu G，et al，2017. Simultaneous modification of three homoeologs of *TaEDR1* by genome editing enhances powdery mildew resistance in wheat [J]. Plant Journal，91（4）：714.

Zhao X，Meng Z，Wang Y，et al，2017. Pollen magnetofection for genetic modification with magnetic nanoparticles as gene carriers [J]. Nature Plants，3（12）：956.

**图书在版编目（CIP）数据**

油棕分子育种/石鹏，曹红星，金龙飞主编.—北
京：中国农业出版社，2019.11
ISBN 978-7-109-25307-0

Ⅰ.①油…　Ⅱ.①石…　②曹…　③金…　Ⅲ.①油棕-
育种　Ⅳ.①S565.903

中国版本图书馆 CIP 数据核字（2019）第 044713 号

---

**中国农业出版社出版**
地址：北京市朝阳区麦子店街 18 号楼
邮编：100125
责任编辑：王金环　郑　珂
版式设计：王　晨　责任校对：吴丽婷
印刷：北京通州皇家印刷厂
版次：2019 年 11 月第 1 版
印次：2019 年 11 月北京第 1 次印刷
发行：新华书店北京发行所
开本：880mm×1230mm　1/32
印张：6.75　插页：4
字数：256 千字
定价：48.00 元

---

彩图 1　非洲和美洲油棕

a.非洲油棕薄壳品种；b.26年生非洲油棕薄壳种，株高7～8m；c.果穗采收；d.美洲油棕；e.美洲油棕匍匐的茎干；f.非洲油棕花序；g.美洲油棕果穗柄；h.美洲油棕果穗采收；i.美洲油棕果穗柄横切面

（Barcelos等，2015）

彩图2　非洲与美洲油棕种间杂交种

a.美洲油棕人工授粉；b.美洲油棕正在成熟的果穗；c.非洲与美洲油棕种间杂交种；d.种间杂交种成熟果穗中的单性结实现象；e.种间杂交种雌花序；f.种间杂交种雌花；g.种间杂交种雄花序；h.种间杂交种雄花序；i.雌雄同序；j.畸形果

（Barcelos 等，2015）

彩图3　油棕不同果皮颜色
　　　　种质资源

a.黑果型油棕果实不同发育时期
果皮颜色；b.绿果型油棕果实不
同发育时期果皮颜色；c.黑果型
和绿果型油棕果穗
　　（Singh等，2014）

彩图4　油棕基因组

a.基因密度；b.经过甲基化过
滤的读长；c.反转座子密度；
d.简单重复序列；e.低拷贝数
重复元件；f.GC含量；g.通过
P5构建的定位到的scaffolds；
h.重复片段
　　（Singh等，2013）

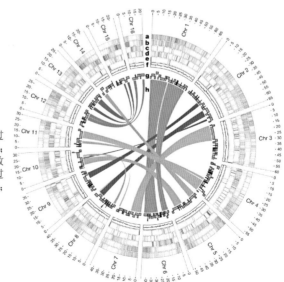

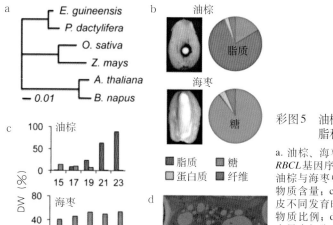

彩图5　油棕与海枣中果皮油脂和糖含量的差异

a. 油棕、海枣和其他植物根据 *RBCL* 基因序列的聚类分析；b. 油棕与海枣中果皮油脂和糖等物质含量；c. 油棕和海枣中果皮不同发育时期油脂和糖占干物质比例；d.油棕授粉后20周中果皮细胞油体透射电子显微照片

（Fabienne 等，2011）

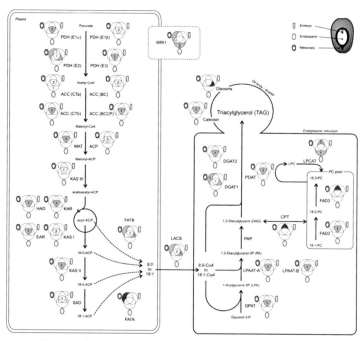

彩图6　油棕三个组织中脂肪酸合成相关基因转录模式

（Stéphane 等，2013）

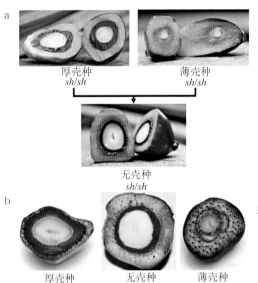

彩图7　油棕3种种壳类型和遗传规律

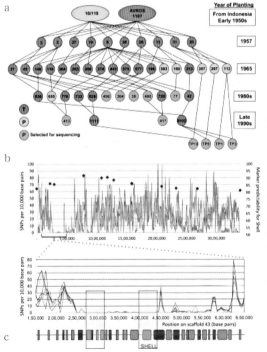

彩图8　在AVROS群体中进行SHELL基因的定位

a. 红色圆圈表示杂合的AVROS薄壳种，蓝色圆圈表示纯合的无壳种，绿色圆圈表示用于纯合测序的单株；b. SHELL位点定位到scaffold p3-sc00043上，沿着scaffold用线图标示了SNP标记密度，使用点图显示尼日利亚T128 F$_1$定位群体的SHELL位点附近标记的SNP单倍型，SHELL定位在400kb到1Mb侧翼标记之间，这些标记用蓝色钻石点标示；c. 绿色方框表示基因，红色方框表示转座子。多样性最低区域包括4个纯合基因，其中只有1个定位在b图中侧翼标记之间

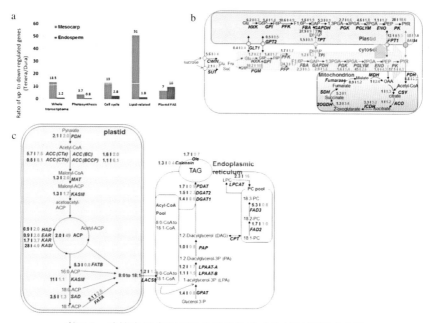

彩图9　油棕中果皮和胚乳油脂生物合成的转录组模式差异

a.横坐标是不同功能部分的转录组，纵坐标是基因上调和下调的比例，蓝色柱是中果皮，红色柱是胚乳；b.糖合成代谢途径；c.质体和内质网中脂肪酸合成途径

（Jin等，2017）

彩图10　油棕胚诱导愈伤组织（石鹏拍摄）

彩图11 油棕根诱导愈伤组织

（Kerdsuwan和Chato，2016）

彩图12 用油棕雄花序作为外植体进行组织培养

（Jayanthi等，2015）

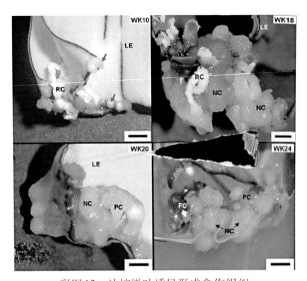

彩图13　油棕嫩叶诱导形成愈伤组织

FC.易碎的胚性愈伤组织；LE.叶片外植体；NC.瘤状愈伤组织；PC.早期愈伤组织；RC.根状愈伤组织

（Nur 等，2012）

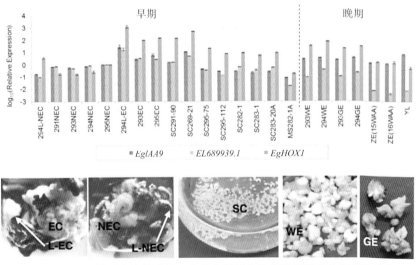

彩图14　*EgHOX1* 基因在油棕叶片、成熟合子胚和体细胞胚胎发生早期和晚期的表达量

EC.胚性愈伤组织；L-EC.叶片形成的胚性愈伤组织；NEC.非胚性愈伤组织；SC.胚性愈伤组织悬浮培养；WE.白色胚性愈伤组织；GE.绿色胚状体

（Ooi 等，2016）